MOVIMENTO CAMPONÊS REBELDE
a reforma agrária no Brasil

Carlos Alberto Feliciano

MOVIMENTO CAMPONÊS REBELDE
a reforma agrária no Brasil

Copyright© 2006 Carlos Alberto Feliciano

Todos os direitos desta edição reservados à
Editora Contexto (Editora Pinsky Ltda.)

Montagem de capa e diagramação
Gustavo S. Vilas Boas

Revisão
Celso de Campos Jr.
Lilian Aquino

Dados Internacionais de Catalogação na Publicação (CIP)
(Câmara Brasileira do Livro, SP, Brasil)

Feliciano, Carlos Alberto
 Movimento camponês rebelde : a reforma agrária
no Brasil / Carlos Alberto Feliciano. – São Paulo :
Contexto, 2006.

 Bibliografia.
 ISBN 85-7244-314-2

 1. Agricultura – Brasil 2. Assentamentos rurais –
Brasil 3. Camponeses – Brasil 4. Movimentos
sociais – Brasil 5. Reforma agrária – Brasil
I. Título

05-9885 CDD-305.56330981

Índices para catálogo sistemático:
 1. Brasil : Movimento camponês rebelde e
  reforma agrária : Sociologia   305.56330981
 2. Brasil : Reforma agrária e movimento
  camponês rebelde : Sociologia   305.56330981

EDITORA CONTEXTO
Diretor editorial: *Jaime Pinsky*

Rua Acopiara, 199 – Alto da Lapa
05083-110 – São Paulo – SP
PABX: (11) 3832 5838
contexto@editoracontexto.com.br
www.editoracontexto.com.br

2006

Proibida a reprodução total ou parcial.
Os infratores serão processados na forma da lei.

SUMÁRIO

Índices 7

Lista de siglas 9

Introdução 13

O processo contraditório da agricultura brasileira 21

A permanência da concentração fundiária no Brasil 27

A geografia dos assentamentos rurais no Brasil 35

Planos políticos governamentais de reforma agrária 35

A política de reforma agrária na década de 1980 35

A reforma agrária na Constituição de 1988 42

Década de 1990: o discurso e a "política do possível" 46

Tentativa de despolitização da luta camponesa 57

Espaço legal: o poder de quem cria
e de quem manda cumprir as leis 58

Rito sumário 59

Imposto Territorial Rural Progressivo 60

Quando os camponeses deixam se mostrar 61

Espaço institucional 64

Projeto Cédula da Terra – Banco da Terra 68

Projeto Casulo 73

O Conselho Nacional
de Desenvolvimento Rural Sustentável 76

Espaço imaginativo 77

A luta pela construção da parcela
camponesa no território capitalista 80

A geografia das ocupações
e do movimento camponês em São Paulo 103

Luta e resistência: ocupações, acampamentos e assentamentos 103

Os sentidos e desdobramentos de uma ocupação 103

Acampamentos: organização e estratégia de luta camponesa 109

Assentamento rural: a geografia da unidade camponesa 113

Movimento camponês moderno 115

A formação do MST no estado de São Paulo 115

Fazenda Pirituba 121

Fazenda Conquista 123

O MST em Barretos 124

Ocupações e acampamentos na região de Ribeirão Preto 127

Acampamento Sepé Tiaraju 132

O Núcleo Colonial Monção em Iaras 134

A fundação e a atuação
do Movimento dos Agricultores Sem-Terra (Mast) 144

A atuação do sindicalismo rural na luta camponesa 154

O Movimento de Libertação
dos Sem-Terra (MLST) e sua atuação em São Paulo 165

Movimento camponês independente 168

Os camponeses sem-terra de Itapura 169

Os "assentados" de Paulicéia 171

Os sem-terra de Rincão 174

A geografia do movimento camponês em São Paulo 177

Considerações finais 184

Bibliografia 191

Carta de princípios – Mast 199

O autor 207

ÍNDICES

Tabelas

Tabela 01   Evolução da estrutura fundiária – 1966/1992
Porcentagem sobre o total das terras do Brasil 28

Tabela 02   Estrutura fundiária –
número de estabelecimentos por área no Brasil – 1995/1996 29

Tabela 03   Os maiores latifundiários do Brasil 31

Tabela 04   Projetos de colonização e assentamentos –
Brasil – período 1965/1984 – por região 37

Tabela 05   Metas do 1º PNRA – 1985/1989 40

Tabela 06   Programas previstos no 1º Plano Nacional
de Reforma Agrária da Nova República 41

Tabela 07   Brasil: assentamentos de reforma agrária
Governo José Sarney – 1985/1989 45

Tabela 08   Número de famílias a serem atendidas
no período de 1992 a 1994 46

Tabela 09   Brasil: assentamentos de reforma agrária
Governo Fernando Collor – 1990/1992 48

Tabela 10   Brasil: assentamentos rurais de reforma agrária
Governo Itamar Franco – 1993/1994 49

Tabela 11   Brasil: assentamentos de reforma agrária
Governo Fernando Henrique Cardoso – 1995/1998 55

Tabela 12   Brasil: assentamentos de reforma agrária
Governo Fernando Henrique Cardoso – 1999/2001 56

Tabela 13   Projetos criados no governo
Fernando Henrique Cardoso – 1995/2001 67

| Tabela 14 | Ocupações e acampamentos no Brasil – 1985 | 89 |

Tabela 14   Ocupações e acampamentos no Brasil – 1985 89

Tabela 15   Movimentos e organizações camponesas –
membros da Via Campesina 98

Tabela 16   Ocupações e acampamentos
organizados pela Feraesp – 1992 a 2001 159

Tabela 17   Ocupações e acampamentos organizados
pela CUT, STRs, Feraesp e FAF – 1995 a 2000 163

Tabela 18   Ocupações e projetos de assentamentos
rurais – São Paulo – 1979 a 2002 183

Gráficos

Gráfico 01   Mortos em conflitos no campo – Brasil – 1964 a 1984 83

Gráfico 02   Mortos em conflitos no campo – Brasil – 1985 a 2001 85

Gráfico 03   Ocupações e famílias acampadas
em São Paulo - MST –1995 a 2002 125

Gráfico 04   Acampamentos e famílias
acampadas - Mast –1998 a 2002 151

Mapas

Mapa 01   Projetos diferenciados
de reforma agrária – Brasil – 1995 a 2001 75

Mapa 02   Geografia das ocupações de terras – Brasil – 1990 a 1992 92

Mapa 03   Geografia das ocupações de terras – Brasil – 1993 a 1994 93

Mapa 04   Geografia das ocupações de terras – Brasil – 1995 a 2002 94

Mapa 05   MST: geografia das ocupações de terras – 1981 a 2002 143

Mapa 06   A geografia do movimento camponês
no final do século XX – estado de São Paulo 178

LISTA DE SIGLAS

Abra	Associação Brasileira de Reforma Agrária
AGB	Associação dos Geógrafos Brasileiros
AMCF	Assessoria de Mediação de Conflitos Fundiários
BID	Banco Interamericano de Desenvolvimento
BNDES	Banco Nacional de Desenvolvimento Econômico e Social
Cebs	Comunidades Eclesiais de Base
Celpav	Celulose e Papel Votorantim
Cesp	Companhia Energética de São Paulo
Cimi	Conselho Indigenista Missionário
CNA	Confederação Nacional da Agricultura
CNDRS	Conselho Nacional de Desenvolvimento Rural Sustentável
Conic	Conselho Nacional de Igrejas Cristãs do Brasil
Contag	Confederação Nacional dos Trabalhadores na Agricultura
CPC	Código do Processo Criminal
CPF	Cadastro de Pessoa Física
CPT	Comissão Pastoral da Terra
DER	Departamento de Estrada e Rodagem
DNTR	Departamento Nacional de Trabalhadores Rurais (CUT)
FAF	Federação da Agricultura Familiar
FAO	Organização das Nações Unidas para a Agricultura e Alimentação
Fepasa	Ferrovia Paulista S.A.
Feraesp	Federação dos Empregados Rurais Assalariados do Estado de São Paulo
Fetaesp	Federação dos Trabalhadores na Agricultura do Estado de São Paulo

FFLCH	Faculdade de Filosofia, Letras e Ciências Humanas
FHC	Fernando Henrique Cardoso
FMI	Fundo Monetário Internacional
Geban	Grupo Executivo de Terras do Baixo Amazonas
Getat	Grupo Executivo de Terras do Araguaia/Tocantins
IBGE	Instituto Brasileiro de Geografia e Estatística
Ibra	Instituto Brasileiro de Reforma Agrária
Incra	Instituto Nacional de Colonização e Reforma Agrária
Inda	Instituto Nacional de Desenvolvimento Agrícola
Inesc	Instituto de Estudos Socioeconômicos
Ipes	Instituto de Pesquisa Econômico-Social
Itesp	Instituto de Terras do Estado de São Paulo
ITR	Imposto Territorial Rural
MAB	Movimento dos Atingidos por Barragens
Mast	Movimento dos Agricultores Sem Terra
MBUQT	Movimento dos Brasileiros Unidos Querendo Terra
MEV	Movimento Esperança Viva
Mirad	Ministério da Reforma Agrária e do Desenvolvimento Agrário
MLST	Movimento de Libertação dos Sem-Terra
MOAB	Movimento dos Ameaçados por Barragens
MP	Movimento da Paz
MPTS	Movimento Paz Sem-Terra
MST	Movimento dos Trabalhadores Rurais Sem-Terra
MTB	Movimento Terra Brasil
MTP	Movimento Terra e Pão
MTST	Movimento dos Trabalhadores Sem Teto
MUP	Movimento Unidos pela Paz
Must	Movimento Unidos Sem Terra
NEA/IE	Núcleo de Estudos da Agricultura. Instituto de Economia
Nead	Núcleo de Estudos Agrários e de Desenvolvimento Rural
OCB	Organização das Cooperativas Brasileiras
OECs	Organizações Estaduais de Cooperativas
ONGS	Organizações Não-Governamentais
PAE	Projeto Agro-Extrativistas
PC	Projeto Casulo
PCT	Projeto Cédula da Terra
PEQ	Projeto Especial de Quilombolas

LISTA DE SIGLAS

PGGH	Programa de Pós-graduação em Geografia Humana
PIN	Programa de Integração Nacional
PMDB	Partido do Movimento Democrático Brasileiro
PNRA	Plano Nacional de Reforma Agrária
Poloamazônia	Programa de Pólos Agropecuários e Agrominerais da Amazônia
Polonordeste	Programa de Desenvolvimento de Áreas Integradas do Nordeste
Pronaf	Programa Nacional de Fortalecimento da Agricultura Familiar
Proterra	Programa de Redistribuição de Terras e Estímulo à Agroindústria do Norte e Nordeste
Provale	Programa Especial para o Vale São Francisco
PSDB	Partido da Social Democracia Brasileira
PT	Partido dos Trabalhadores
SBR	Sociedade Rural Brasileira
SDS	Social Democracia Sindical
STR	Sindicato dos Trabalhadores Rurais
Sudam	Superintendência de Desenvolvimento da Amazônia
TJLP	Taxa de Juros a Longo Prazo
TRF	Tribunal Regional Federal
UDR	União Democrática Ruralista
Unesp	Universidade Estadual Paulista
USP	Universidade de São Paulo

INTRODUÇÃO

A questão da reforma agrária e o debate em torno dela incomodam muitos e há muito tempo no Brasil. Há quem diga que esta questão já está superada; outros, que perdeu seu sentido histórico. Diversas são as correntes teóricas que estão presentes na atual discussão sobre o entendimento da agricultura, suas relações sociais e perspectivas. Para entrar nesse debate é preciso compreender como se dão as relações de forças e qual é o posicionamento político e ideológico de cada corrente teórica.

A construção de uma teoria não se dá ao acaso e muito menos descolada da realidade, pelo contrário, é dela que essa teoria se forma e se transforma. Portanto, quem pensa e sistematiza um apanhado de reflexões e idéias também está intimamente inserido em um contexto político, econômico, social e geográfico. E esse é um caminho para entender todas as discussões, projetos e estudos que atualmente estão sendo desenvolvidos no campo e para o campo, neste estágio atual do capitalismo mundializado.

No Brasil, as políticas públicas para o campo nunca estiveram voltadas para os interesses da grande maioria que nele habita. Foi e está sendo somente por meio das lutas e resistências dos milhares de camponeses distribuídos pelo país que setores do Estado, pesquisadores e a sociedade em geral estão "vendo-se obrigados" a dar alguma resposta ou posicionamento, tendo em vista que pela primeira vez na história a força camponesa no Brasil conquistou tamanha proporção. Entender essa força é um passo para compreender a possibilidade de formação de um outro território, com características ímpares, complexas e utópicas na sua própria concepção de mundo, valores, crenças, sonhos e conflitos.

Partimos do princípio de que a formação e/ou consolidação da classe camponesa está em processo no Brasil. A partir desse referencial, podemos entender de que maneira os movimentos sociais no campo se manifestam, se materializam e como constroem uma configuração própria em uma parcela do território brasileiro.

Foi necessário passar por alguns caminhos e iniciar a construção de outros. Portanto, o que se propõe é, em certa medida, indicar variadas teorias para a interpretação do campo brasileiro, em especial da inserção dos movimentos sociais.

Três eixos devem ser fundamentais para um pesquisador: a liberdade, a autonomia e o compromisso social. A liberdade deve ser conquistada e construída a cada dia. A filósofa Marilena Chauí, em sua obra *Convite à Filosofia*, com seu poder de traduzir questões maiores, como liberdade, razão, verdade etc., relata em um trecho brilhante o sentido e os momentos da liberdade:

> Se nascemos numa sociedade que nos ensina certos valores morais – justiça, igualdade, veracidade, generosidade, coragem, amizade, direito à felicidade – e, no entanto impede a concretização deles porque está organizada e estruturada de modo a impedi-los, o reconhecimento da contradição entre o ideal e a realidade é o primeiro momento da liberdade e da vida ética como recusa da violência. O segundo momento é a busca das brechas pelas quais possa passar o possível, isto é, uma outra sociedade que concretize no real aquilo que a nossa propõe no ideal [...] o terceiro momento é o da nossa decisão de agir e da escolha dos meios para a ação. O último momento da liberdade é a realização da ação para transformar um possível num real, uma possibilidade numa realidade.

O significado maior da pesquisa, seu motor propulsor, foi o comprometimento com a questão social, que sob nossa avaliação é a justificativa principal para estudar, entender e compreender o mundo nos seus mais diversos aspectos, com a intenção de melhorar, propor e indicar "brechas" para as mudanças no convívio social e espacial entre os seres humanos.

Não houve uma escolha do tema a ser estudado. O que ocorreu foi o tema envolver o pesquisador. Surgiu durante um trabalho de campo, quando um grupo de alunos (entre eles, eu) do segundo ano do curso de Geografia da Unesp de Presidente Prudente em 1994 realizou uma visita ao Assentamento Rural de Sumaré/SP.

INTRODUÇÃO

Não foram textos bem escritos, formulados e muitas vezes complexos que nos fizeram ver alternativas e possibilidades de mudanças, mas sim o modo simples, porém determinado, dos assentados em demonstrar que é possível uma outra concepção de mundo. Além disso, o caminhar pelo plantio de tomate, cenouras e alfaces fez-nos ver que de fato é possível e real construir um território onde o sentido da terra não seja apenas de valor ou de renda, mas de trabalho e reprodução da vida. Naquele momento estávamos além de tudo entre a colheita de muitos sonhos, conflitos e esperanças.

A vivência acadêmica com os professores do Departamento de Geografia, as aulas de Geografia Agrária com a professora Regina Sader e de Trabalho de Campo em Geografia com o professor Ariovaldo Umbelino de Oliveira mostravam que era aquele o caminho pelo qual deveria seguir, porém só não sabia como começar. Foi, então, a partir de várias discussões com o professor Bernardo Mançano Fernandes, da Unesp/Presidente Prudente, que surgiu nosso primeiro envolvimento com os movimentos sociais. Por meio de conversas travadas por nós, resolvemos realizar o 1° Mapa dos Assentamentos Rurais no Brasil, com a finalidade de cartografar os resultados da luta dos camponeses sem-terra por uma parcela do território capitalista.

A partir disso, novos projetos foram aparecendo e cada vez mais o envolvimento com a questão agrária aumentou, gradativamente estabelecendo com famílias de trabalhadores sem-terra, pesquisadores, amigos, uma relação cada vez mais estreita, prazerosa e reconfortante. Assim, propusemos a elaboração de um material didático que representasse a visão das crianças sobre o processo de luta e a vida nos acampamentos e assentamentos. A partir de então, iniciamos um projeto de iniciação à pesquisa sob a orientação do professor Ariovaldo Umbelino de Oliveira, referente à geografia dos assentamentos rurais no Brasil, cujo resultado foi apresentado como monografia para a conclusão de curso em 1998.

Ao ingresso no curso de pós-graduação em Geografia Humana, pretendíamos realizar uma pesquisa sobre as formas de organização social/ espacial construídas no projeto de Assentamento Rural Che Guevara, localizado no município de Mirante do Paranapanema. Foi então que mais uma vez a realidade vivenciada no campo alterou o projeto de pesquisa. Em 2000 já estava contratado para trabalhar no Instituto de Terras do Estado de São Paulo, para acompanhar e mediar os conflitos fundiários existentes no estado. A decisão de trabalhar nessa instituição foi pensada no intuito de contribuir com a realização da reforma agrária em São Paulo, desenvolvendo os conhecimentos construídos coletivamente tanto na academia como nos movimentos sociais.

O trabalho da Assessoria de Mediação de Conflitos Fundiários (AMCF) do Itesp (hoje Fundação Instituto de Terras do Estado de São Paulo), vinculada à Secretaria de Justiça e da Defesa da Cidadania do estado, na qual desenvolvemos nossa atividade profissional, tem como objetivo acompanhar todas as áreas de acampamentos rurais e conflitos agrários existentes no estado de São Paulo. A equipe é composta por um grupo interdisciplinar de geógrafos, sociólogos, agrônomos, advogados e historiadores, compromissados e envolvidos com as questões e a luta dos movimentos sociais.

A partir das viagens, reuniões, telefonemas, o campo e os camponeses sem-terra apresentaram-se, mais ricos e complexos do que acreditávamos que seriam. Descobríamos quase diariamente a realidade vivenciada por essas famílias, compartilhando um pouco mais sobre seus projetos, frustrações e garra de construir um modo de vida digno e justo. Tudo isso nos fez (re)pensar e mudar o objeto inicial da pesquisa. Aprendemos com os camponeses essa movimentação constante e contraditória de idéias, fruto das relações sociais e sementes na reflexão e elaboração de novos conhecimentos.

Decidimos, então, levar nossa pesquisa aos acampamentos rurais no estado de São Paulo. Com isso, visitamos todas as áreas de acampamentos rurais no estado desde 2000, acompanhamos a formação e desmembramento de muitos grupos de camponeses sem-terra, mas ainda não tínhamos conseguido delimitar o enfoque da pesquisa. Novamente os camponeses mostraram o caminho. A rotina de trabalho nessa fundação era baseada em planejamento de viagens em que construíam um roteiro de trabalho pelos acampamentos de uma determinada região. Esse trabalho se diferencia do simples fato de ir até um acampamento para conversar com as famílias, passar o dia a fim de estabelecer contato posterior, como geralmente é realizado.

Houve ocasião em que tivemos oportunidade de visitar 11 acampamentos em quatro dias e assim abordarmos pessoas dos mais diferentes movimentos sociais no campo. Foi em algum desses momentos que pudemos acertar o rumo da pesquisa, ou melhor, na verdade já trilhávamos por ele. Os camponeses, naquele momento, estavam criando um processo de luta pela terra que tinha como ponto de partida a diversidade. Diversidade de movimentos, de posicionamento político, de organização, região, relação de poder etc. Porém, buscavam construir, a partir dessa diversidade, uma unidade de luta quando todos falavam na possibilidade de recriação, de controle de seu próprio tempo e espaço.

Tínhamos feito, após esse momento, um mapa mental de como o movimento camponês se apresentava no campo paulista e algumas hipóteses sobre seu processo de territorialização.

Nesse sentido, o texto foi estruturado em três capítulos, partindo do referencial teórico que entende o desenvolvimento do capitalismo no campo brasileiro de forma desigual e contraditória. Por essa razão, o primeiro capítulo revela uma parte do processo contraditório da agricultura brasileira. Em um primeiro momento, a proposta era mostrar as diferentes correntes teóricas que interpretam o campo brasileiro e expor qual o caminho adotado. Dissertamos nesse momento sobre a permanência da concentração fundiária no Brasil, fato que explica o motivo de os camponeses sem-terra travarem uma luta histórica contra os latifúndios, revelada nas seções posteriores.

A partir dessa lógica da concentração fundiária no Brasil e do questionamento dos camponeses referente à realização da reforma agrária, entendemos que o Estado tem papel fundamental na elaboração de políticas públicas voltadas para a implementação de projetos que a contemple. Assim, a proposta do segundo capítulo é realizar uma discussão sobre os planos de reforma agrária adotados pelos governos federais, de 1985 até as últimas propostas do governo Fernando Henrique Cardoso, para substituir as desapropriações pelo mecanismo do mercado de terras. Entendemos a cartografia como um instrumento primordial dos geógrafos, fato que nos levou a elaborar séries de mapas temáticos inclusas no texto.

O terceiro capítulo, ao correlacionar as idéias abordadas anteriormente, discute a geografia das ocupações e do movimento camponês no estado de São Paulo, que muitas vezes aparece nas discussões relativas aos efeitos e às ações dos movimentos sociais no que tange às propostas de política agrária do governo federal.

Além desses fatores,trataremos dos conceitos de ocupação, acampamento e assentamento rural e das maneiras como se apresentam e materializam no campo paulista. Propomos, ainda, para reflexão a necessidade de pensar que estamos diante da formação de um movimento camponês moderno, que carrega consigo fortes características baseadas na diversificação política, autonomia e liberdade. Analisamos a atuação de diversos movimentos/organizações sociais existentes no campo paulista que realizam ocupações de terras: o Movimento dos Trabalhadores Rurais Sem-Terra (MST), o Movimento dos Agricultores Sem Terra (Mast), a Federação dos Empregados Rurais Assalariados do Estado de São Paulo (Feraesp), o Movimento de Libertação dos Sem-Terra (MLST) e o Movimento Camponês Independente.

As escolhas dos movimentos se justificam pelo fato de todos os citados estarem atuando no campo paulista no período de 2000 a 2002. As áreas e os acampamentos obtiveram critérios diferenciados conforme o movimento/ organização social objeto da análise. O MST possui o maior número de acampamentos e atua em quase todas as regiões do estado, por isso a opção foi acompanhar cinco grupos de acampados. O movimento é o mesmo, seus integrantes é que já passaram por outros momentos. Dois deles, não tendo sido assentados anteriormente, continuaram no processo chamado de espacialização e territorialização da luta pela terra. São eles: os acampados da Fazenda Pirituba (Itapeva) e da Fazenda Tremembé (Tremembé); os acampamentos de Barretos e de Sepé Tiaraju (Serra Azul), que estão localizados na região mais rica de São Paulo, em um embate direto com fazendeiros e usineiros; e por fim, um grupo que possui elementos riquíssimos e vastos para muitas pesquisas: os acampamentos localizados no Núcleo Colonial Monção (Iaras).

A discussão aqui proposta procura mostrar outro componente para as análises da reforma agrária no estado de São Paulo, baseado na grande mobilidade espacial dos acampamentos e na unidade campo/cidade na formação de novos sem-terra.

Muitas das observações encontradas neste trabalho estão centradas na fundação do Mast, que possui uma atuação regionalizada principalmente no Pontal do Paranapanema, e na sua oposição ao MST, além de revelar ações e posicionamento político que inicialmente eram ligados ao governo federal e estadual.

Os acampamentos definidos neste livro como campo de atuação do sindicalismo rural, em especial a Feraesp, têm como referência os grupos São Simão, Bocaina e Boa Esperança, e se empenharam para enfrentar obstáculos e mostrar seu trabalho para a sociedade. Com relação ao MLST, discutiu-se sua forma de atuação no Estado. Por fim, apresentamos uma análise sobre os acampamentos do movimento camponês independente, assim considerados aqueles que dessa maneira se auto-identificaram, sendo eles os acampamentos de Itapura, de Rincão e de Paulicéia. O de Itapura foi escolhido pelo fato de representar um grupo que, por divergências políticas e organizativas, saiu de um

INTRODUÇÃO

movimento para atuar autonomamente; os acampados de Rincão, por possuírem uma mobilidade e autonomia surpreendentes; e o acampamento de Paulicéia, que, além de ser o mais antigo de São Paulo, já foi considerado assentamento pela população regional.

Utilizamos ainda no último capítulo o instrumento cartográfico com o intuito de materializar a diversidade e a espacialização dos movimentos sociais que procuramos abarcar neste livro, movimentos esses que incomodam a todos por sua autonomia, diversidade, liberdade e, acima de tudo, rebeldia.

O PROCESSO CONTRADITÓRIO DA AGRICULTURA BRASILEIRA

Os estudos interpretativos sobre o campo brasileiro demonstram e propiciam uma rica diversidade de idéias e correntes de pensamento que fazem jus ao seu objeto de estudo. Este livro realizará uma ampla análise dos movimentos camponeses surgidos no Brasil nas últimas décadas por meio das observações alcançadas em aulas, em leituras realizadas e em trabalhos de campo vivenciados,

Em nosso entendimento, fundamentado por Oliveira (1995), as principais correntes teóricas que permeiam o debate sobre o modo capitalista de produção e a agricultura brasileira são a teoria clássica, que defende uma generalização inevitável das relações capitalistas do campo, sendo que em determinado momento há uma divergência com relação aos caminhos dessa generalização; a tese sobre a existência e permanência de relações feudais de produção na agricultura; e uma terceira corrente que tem como princípio e entendimento a criação e recriação do campesinato e do latifúndio no campo brasileiro. Compreendemos, também, que há na atualidade um debate político muito forte relacionado a correntes teóricas ligadas ao entendimento de dois conceitos: agricultura familiar e agricultura camponesa.

A proposta neste momento é procurar partir das diferenças entre as citadas correntes e caminhar no sentido de construir um modo de pensamento que seja o mais coerente com a realidade do campo brasileiro e com estudos que pretendemos abordar.

A primeira corrente, denominada de teoria clássica, entende que há uma generalização das relações capitalistas no campo brasileiro. Porém, segundo a mesma tese, há uma divergência com relação ao processo para se chegar definitivamente à total inserção do trabalho assalariado. Alguns estudiosos acreditam que esse caminho dar-se-ia pela destruição do campesinato por meio de um processo denominado diferenciação interna. Como, então, o total assalariamento desses camponeses poderia ser alcançado?

Segundo a compreensão desses teóricos, cada vez que o camponês se insere e mantém relações com o mercado capitalista, ele se descaracteriza e perde seu referencial, que no limite acabaria por suprir sua produção natural. Essa inserção das relações capitalistas aconteceria principalmente pelos empréstimos e pelas altas taxas de juros, além do acesso e da dependência da mecanização, dos insumos agrícolas, dos agrotóxicos etc. Em seu ápice chegaremos ao seguinte cenário, por meio de duas classes sociais distintas: "os camponeses ricos, que seriam os pequenos capitalistas rurais, e os camponeses pobres, que se tornariam trabalhadores assalariados, proletarizar-se-iam".[1]

Outro entendimento nessa corrente é o de que a inserção total das relações capitalistas no campo aconteceria por meio do processo denominado modernização do latifúndio (compreendido por alguns estudiosos como "modernização conservadora", "junkerização").

Nessa perspectiva, com a introdução de máquinas cada vez mais potentes, com os insumos mais eficientes e, atualmente, os melhoramentos genéticos e plantios transgênicos, entre outros, os grandes latifúndios evoluiriam em direção às denominadas grandes empresas rurais capitalistas. O papel que caberia aos camponeses nesse contexto seria vender sua força de trabalho para essas empresas e também para os camponeses ricos (pequenos capitalistas), que estariam unificando seus interesses. De acordo com essa corrente teórica, os milhares de camponeses que hoje, segundo os dados do IBGE, estão em constante crescimento, seriam considerados resíduos de uma agricultura em via de extinção.

A contradição entre essa abordagem teórica e a realidade agrária aparece quando analisamos os dados referentes à participação do trabalho familiar na agricultura e aos latifúndios no Brasil. Por um levantamento do censo agropecuário do IBGE, observamos que:

> [...] nos 4,3 milhões de estabelecimentos com área até 100 hectares, havia em 1995-96 cerca de 88% do pessoal ocupado de origem familiar, ou seja, o trabalho assalariado representava apenas 12% restantes. Uma realidade oposta e contrastante com a dos estabelecimentos de mais de mil hectares, onde o trabalho assalariado representava 81%. [2]

Os mesmos números de estabelecimentos familiares de até cem hectares, em relação aos anos anteriores, já indicavam um crescimento: em 1970 o pessoal ocupado de origem familiar representava 85% dos trabalhadores e, no ano de 1980, representava 87%.

Contraditoriamente, essa é a lógica, o número de latifúndios também cresceu. Oliveira[3] nos alerta, dizendo: "em 1940, 1,5% dos proprietários de estabelecimentos agrícolas com mais de mil ha, ou seja, 27.812 ocupavam uma área de 95,5 milhões de hectares, ou 48% do total de terras".

Essa mesma análise realizada no ano de 1985 aponta o crescimento do latifúndio no Brasil – ou seja, aumentou ainda mais a concentração de terras: "menos de 0,9% dos proprietários dos estabelecimentos agrícolas com área superior à mil ha, ou seja, 50.105 unidades, ocupavam uma área de 164,7 milhões de hectares, ou 44% do total das terras".

Já em 1992, havia no Brasil 43.956 (2,4%) imóveis rurais acima de mil hectares, ocupando 165.756.666 hectares, segundo os dados do Incra.

Kageyama elaborou um estudo sobre os maiores proprietários do Brasil e, segundo suas considerações, percebeu que:

> [...] uma outra característica dos maiores proprietários é a forte presença de grandes empresas (pessoas jurídicas), muitas delas ligadas a ramos de atividades não-agrícolas, indicando que a terra é hoje no Brasil, mais um ativo de reserva e especulativo de interesses dos grandes capitais (agrícolas ou não). Indica também, que a força política dos representantes da propriedade rural não pode ser isolada da força do capital em geral (industrial, bancário, financeiro, comercial etc.).[4]

Nesse contexto, as cinco empresas que aparecem como maiores proprietárias de terras em 1984 eram: Light Serviços de Eletricidade S.A., Siderurgia Belgo-Mineira, Aracruz Celulose, Klabin, Florestas Rio Doce S.A.

Portanto, há algo equivocado no pensamento dessa corrente. Ou os camponeses deveriam ter desaparecido ou os teóricos deveriam repensar suas interpretações. Os camponeses não desapareceram, apesar de o latifúndio tornar-se em parte uma grande empresa rural, mesmo que sem uma finalidade voltada de fato para esse fim.

Há uma outra linha de pensamento que acredita fielmente na permanência das relações feudais de produção na agricultura. O campesinato e o latifúndio seriam os indícios da permanência e fundamento dessa interpretação. A total "penetração" do capitalismo no campo ocorre "a partir do rompimento com as estruturas políticas tradicionais de dominação".[5]

Esse processo aconteceria nas seguintes etapas: 1) a transformação do camponês em produtor individual, em que este perderia todos os vínculos com o modelo comunitário tradicional vivido anteriormente; 2) a maior inserção no mercado, forçando-o a procurar instrumentos que antes eram fabricados domesticamente (separação de industrial rural e agricultura); 3) como produtor individual, "livre" das amarras do modelo arcaico e atrasado, esse camponês estaria totalmente inserido e dependente do mercado, a tal ponto que se endivida e paga altos preços por empréstimos para saldar dívidas. O processo descrito é bastante linear. Necessitando de produtos, compra-os por preços altíssimos, como não têm como pagar, começam a adquirir dívidas chegando ao ponto limite de vender sua propriedade para pagar seus empréstimos ou parte dele. Resta então, como pessoa "livre" que se tornou, vender sua força de trabalho, tornando-se um trabalhador assalariado.

Essa abordagem teórica também não convence do ponto de vista das explicações sobre as relações de produção da agricultura brasileira. Como interpretá-las? Como analisar as crescentes manifestações camponesas para conseguir o acesso e a permanência na terra? E mesmo considerando essa análise, mesmo que o camponês seja expropriado de sua terra, ele na maioria das vezes a ela retorna, nessa incessante busca pela construção da parcela camponesa do território. E é por isso que o camponês (e)migra. Boa parte de sua história, formação e resistência estão ligadas a esses processos.

A terceira corrente de interpretação sobre o desenvolvimento capitalista na agricultura entende que há um crescimento tanto do campesinato como do latifúndio, pois parte do pressuposto de que o próprio capital cria e recria relações especificamente não capitalistas de produção. Segundo Oliveira: "o processo contraditório de reprodução ampliada do capital, além de redefinir antigas relações de produção, subordinando-as à sua reprodução, engendra relações não-capitalistas igual e contraditoriamente necessárias à sua reprodução".[6]

O desenvolvimento contraditório e combinado no campo é fator intrínseco ao processo capitalista. Diferentemente do que ocorre nas indústrias e nas cidades, onde ocorreu a sujeição formal e real do trabalho ao capital, no campo ocorre a sujeição da renda da terra ao capital e é por esse fenômeno que se explica o processo de expansão do capitalismo no campo.

Quando falamos de contradição existente no que se refere ao capitalismo no campo, entendemos que este estabelece relações de produção tipicamente capitalistas na forma do assalariamento, ao mesmo tempo em que cria e recria relações não-capitalistas. Objetivando essa interpretação, temos o bóia-fria, os diaristas, os empregados rurais como expressão de uma relação de produção tipicamente capitalista, que desprovidos dos meios de produção, mas livres, vendem sua força de trabalho ao capital. Já no caso das relações não-capitalistas de produção, podemos citar produção camponesa, produção comunitária, produção coletiva etc.

Para se ter uma dimensão do processo de recriação dessa referida forma de produção, os camponeses da região de Pereira Barreto podem elucidar seu significado. Nessa região de São Paulo, há um grupo de 25 famílias acampadas que vem sofrendo dificuldades na espera por uma definição do órgão federal (Incra) para a desapropriação da área reivindicada. Alguns fazendeiros, com receio de que suas propriedades fossem questionadas por improdutividade, iniciaram um processo de parceira com famílias camponesas, dentre elas, algumas acampadas. Essas famílias, por meio dessa parceria, plantam na área (geralmente quiabo, pimentão, cenoura) com sua força de trabalho.

O fazendeiro compra sementes e insumos e, ao final da colheita, descontadas suas despesas, divide a produção entre os meeiros, que freqüentemente vendem sua parte para o fazendeiro. Segundo o contrato (no caso verbal), os camponeses devem entregar o pasto reformado após a colheita.

Nesse caso, está embutida nitidamente o que se denominada "renda em produto", a qual:

> [...] sob o ponto de vista econômico em nada altera a caracterização da renda em trabalho, que no caso está convertida em produto. Ou, por outras palavras, a renda em produto nada mais é que renda em trabalho transformada em produto, uma vez que é a renda em trabalho a própria essência da renda da terra.[7]

O mais intrigante é que o camponês não consegue realizar todo o trabalho e paga a alguns companheiros do acampamento em forma de diárias.

Todas essas relações são complexas, pois há várias circunstâncias envolvidas. Em um primeiro momento, são camponeses acampados em barracos de lona reivindicando o acesso à terra (permanecendo somente à noite); em um segundo momento, são meeiros, porém só podem ficar na propriedade durante o dia; já em um terceiro momento, usam o trabalho acessório (assalariado) em situações mais apuradas do ciclo agrícola. Tendo esse fato em vista, ocasionado no estado mais rico do país, pode-se notar a complexidade das relações capitalistas de produção, criando e recriando o seu avesso.

Portanto, o capital procura, de acordo com aspectos conjunturais e necessidades estruturais, inventar e reinventar as relações não-capitalistas de produção. Recria o latifúndio e o campesinato ao mesmo tempo. O latifúndio, pelo fato de a área reivindicada pelos camponeses sem-terra não ser mais questionada e, mesmo que fosse, os laudos técnicos apontariam produtividade; no entanto, criando estratégias de sobrevivências camponesas até a conquista de uma solução definitiva, no caso, serem assentados.

Esse exemplo nos faz entender um pouco mais sobre o processo contraditório e desigual do desenvolvimento capitalista no campo brasileiro. Uma discussão que atualmente aquece os debates dos estudiosos da questão agrária tanto no meio acadêmico como no político, ou em ambos simultaneamente, remete-se à interpretação de duas visões de mundo diferenciadas: agricultura familiar *versus* agricultura camponesa.

Os estudos referentes à conceituação da agricultura familiar vêm basicamente com a finalidade teórico-metodológica e política de desencadear um desenvolvimento linear do modo de produção na agricultura. O entendimento com relação à agricultura camponesa é compreendido como um estágio para transformação em agricultura familiar:

> [...] os estudos com relação ao campesinato são inadequados para o caso de sociedades em que a agricultura familiar está mergulhada num ambiente em que se caracteriza pela força das instituições típicas do mundo capitalista. Onde para essa corrente: as dinâmicas familiares não têm o poder de se sobrepor aos contextos sócio-econômicos em que se inserem as explorações agrícolas.[8]

É justamente neste ponto que entendemos a diferenciação entre os dois conceitos. Para o camponês, a terra tem um sentido de reprodução do espaço e da vida familiar, um sentido de autonomia, autogestão e liberdade. É compreensível e lúcido perceber que com as transformações históricas ocorridas no mundo, os camponeses também se metamorfosearam, só que em um outro sentido, pois para eles:

> [...] a terra é muito mais do que objeto e meio de produção. Para o camponês a terra é o seu lugar natural, de sempre, antigo. Terra e trabalho mesclam-se em seu modo de ser, viver, multiplicar-se, continuar pelas gerações futuras, reviver os antepassados próximos e remotos. A relação do camponês com a terra é transparente e mítica; a terra como momento primordial da natureza e do homem, da vida.[9]

Nos estudos interpretativos sobre a agricultura camponesa, o relacionamento do camponês com a terra possui um sentido, ao passo que em relação à agricultura familiar, o produtor familiar negocia resultados:

> [...] é como se a dicotomia conceitual resolvesse, por meio de um sistema classificatório, a dinâmica das categorias sociais, pela qual o camponês dá lugar ao agricultor, ao pequeno produtor e, hoje, ao produtor familiar. Coisa que o camponês sempre foi; mas quando não se consegue compreender essa categoria em novos contextos, muda-se a sua definição para servir às estatísticas.[10]

A permanência da concentração fundiária no Brasil

É difícil iniciar uma discussão sobre a concentração fundiária no Brasil sem se remeter à própria formação do território no país. Desde o período colonial até recentemente,[11] a concentração de terras explica o porquê da não concretização de uma real reforma agrária no Brasil.

Com a implementação das capitanias hereditárias e seus donatários (século XVI), as terras brasileiras foram distribuídas à nobreza portuguesa ou a quem proporcionasse serviços à Coroa. Logo após, os donatários implantaram o sistema das sesmarias, por meio do qual adquiriram o direito de repartir e distribuir parcelas de sua capitania a quem lhes interessasse, de preferência àqueles com intuito de explorar seus recursos naturais. Advêm daí as origens de grande parte dos latifúndios no Brasil.

Um outro marco da concentração de terras deu-se logo após a nossa independência. Em 1850, com a Lei de Terras ficou estabelecido o acesso à terra somente àqueles que tivessem dinheiro ou posses para adquiri-la. Essa medida já conjeturava o processo de "libertação" dos escravos. Dessa forma, libertou-se o escravo para escravizar o acesso à terra, impossibilitando que os trabalhadores negros/pobres tivessem também a possibilidade de algum benefício ou sobrevivência.

A terra é, então, transformada em mercadoria, assumindo um caráter de renda capitalizada e alterando as bases de ordem política e social no Brasil:

> [...] a propriedade fundiária constituída agora no principal instrumento de subjugação do trabalho, o oposto exatamente do período escravista, em que a forma de propriedade, o regime das sesmarias, era produto da escravidão e do tráfico negreiro. O monopólio de classe sobre o trabalhador escravo se transforma no monopólio de classe sobre a terra. O senhor de escravos se transforma em senhor de terras.[12]

A partir dèsse momento, instalou-se no Brasil a propriedade privada da terra, sendo o latifúndio a característica de poder preponderante. Como o controle do poder manifestava-se pelo acesso à terra, as disputas e conflitos iniciaram-se, o que ocasionou um aumento cada vez maior do processo de grilagem e especulação de terras no Brasil.

Outro acontecimento mais recente, de apoio direto ao crescimento do latifúndio, teve origem durante o regime militar, principalmente no período denominado de processo de modernização da agricultura. A base desse projeto, segundo Stédile (1997), era estimular o desenvolvimento do capitalismo na agricultura brasileira, por meio da grande propriedade latifundiária vinculada a um processo de industrialização acelerada nas cidades, baseado nos investimentos de empresas multinacionais.

MOVIMENTO CAMPONÊS REBELDE

Tabela 01
Evolução da estrutura fundiária – 1966/1992
Porcentagem sobre o total das terras do Brasil

Distribuição das terras rurais	1966	1972	1978	1992
Propriedades com menos de 100 hectares	20,49%	16,4%	13,5%	15,4%
Propriedade com mais de 1000 hectares	45,1%	47,0%	53,3%	55,2%

Fonte: Incra (Evolução da Estrutura Fundiária – 1992).

Os dados sobre a estrutura fundiária brasileira demonstram esse fenômeno. Em 1966, a distribuição de terras de propriedades com mais de mil hectares chegava a 45,1% sobre o total existente no Brasil. Essa porcentagem cresceu com o passar dos anos, demonstrando que o latifúndio está em total fase de expansão e concentração. Observa-se na Tabela 01 um crescimento entre os anos de 1972 até 1978 (época do regime militar) de 47% a 53% respectivamente, chegando atingir, em 1992, um total de 55,2% com relação a propriedades maiores de mil hectares. O próprio órgão do governo federal assumiu a contradição existente na sociedade brasileira:

> [...] em linhas gerais, a estrutura fundiária manteve-se quase inalterada: menos de 25% do universo dos imóveis cadastrados, representados pelo segmento dos grandes imóveis com área igual ou superior a mil hectares, continua detendo mais de 50% da área cadastrada.[13]

Ou seja, mais de 165 milhões de hectares. Como já mencionado, mais de 4,3 milhões de estabelecimentos rurais correspondem, em 1995/1996, a propriedades de até cem hectares e cerca de cem mil estabelecimentos referem-se a imóveis acima de quinhentos hectares. Desdobrando-se esses dados do IBGE para a escala regional, pode-se vislumbrar os eixos de permanência mais comuns da agricultura camponesa e do latifúndio, mesmo tendo de antemão que ambos estão presentes em todos os estados dos Brasil.

No Nordeste, aproximadamente 38% dos estabelecimentos possuíam até cem hectares, seguido da região Sul com 19,2% e Centro-Sudeste com 16%. A partir da distribuição das unidades rurais existentes no Brasil, pode-se considerar que 88% delas advêm das pequenas, que são em sua maioria absoluta camponesas.

Com relação à presença da grande propriedade (acima de dois mil hectares), pode-se interpretar que sua materialização está concentrada principalmente em duas regiões: Centro-Sudeste e Amazônia.[14] Cabe ressaltar o caso da região Centro-Sudeste, em que há uma cizânia nos dados, como pode ser observado na Tabela 02.

Os estados de Minas Gerais, Mato Grosso do Sul e Goiás apresentam um número elevado de propriedades acima de dois mil hectares. Entendemos que é por esse eixo que estão expandindo as grandes fazendas de cultivo de soja e algodão.

Porém, ainda continua sendo a Amazônia o refúgio das grandes propriedades de terras no Brasil. Vamos fazer uma simples contabilidade: de acordo com dados elaborados pelo IBGE em 1995, há na Amazônia cerca de 8.922 estabelecimentos rurais com área acima de dois mil hectares. Se multiplicarmos esse

Tabela 02
Estrutura fundiária – número de estabelecimentos por área no Brasil – 1995/1996

Estados	Menos de 100 ha	100 a 500 ha	500 a 2000	Acima de 2000	Sem declaração
Amazônia					
AC	17.609	5.281	742	156	-
AM	77.859	4.551	482	130	267
AP	2.048	1.036	140	51	74
MA	331.460	18.474	3.370	633	14.254
MT	46.877	19.423	7.959	4.490	14
PA	169.273	32.135	3.478	1.313	205
RO	45.598	13.980	1.398	377	2
RR	4.015	762	504	345	81
TO	19.897	16.024	5.589	1.427	1.976
subtotal	714.636	111.666	23.662	8.922	16.873
Nordeste					
PI	190.141	14.138	2.274	445	1.113
CE	321.511	15.183	2.259	264	385
RN	84.313	5.365	1.131	167	400
PB	138.275	6.896	1.180	104	84
PE	248.341	8.679	1.340	123	147
AL	111.361	3.015	609	53	26
SE	95.884	2.764	382	28	716
BA	653.486	37.078	6.959	1400	203
subtotal	1.843.312	93.118	16.134	2.584	3.074
Centro-Sudeste					
MG	415.924	67.785	10.987	1.562	419
ES	66.904	5.635	609	60	80
RJ	48.444	4.540	623	48	25
SP	184.512	27.666	4.872	710	256
MS	26.923	10.842	7.956	3.527	175
GO	67.599	32.068	10.085	2.012	27
DF	1.999	384	62	14	-
subtotal	812.305	148.920	35.194	7.933	982
Sul					
PR	342.925	22.821	3.640	421	68
SC	194.498	7.314	1.269	156	110
RS	395.584	25.949	7.012	838	575
subtotal	933.007	56.084	11.921	1.415	753
TOTAL	4.303.260	409.788	86.911	20.854	21.679

Org.: FELICIANO, C. A., 2002.
Fonte: IBGE, 1995.

número total de estabelecimentos por no mínimo dois mil hectares (por estabelecimento), chegamos a uma área abrangendo no mínimo 17.844.000 hectares. É muita terra para poucos proprietários. Enquanto isso, uma superfície de 70,5 milhões de hectares é ocupada aproximadamente por 3,7 milhões de estabelecimentos com origem camponesa.

Uma das explicações para essa desigualdade pode ser dada pela própria história da ocupação do país. Por exemplo, um dos pontos de enfrentamento dos movimentos sociais na década de 1960 (em especial as Ligas Camponesas) reivindicava a realização da reforma agrária no Brasil. O presidente eleito na época, João Goulart, possuía uma proposta efetiva de reforma agrária, tanto que no comício realizado em 1964 anunciou que enviaria ao Congresso uma lei para colocar em prática esse processo. Ela tinha a finalidade de criar mecanismos para desapropriar as grandes propriedades mal utilizadas que se localizavam a até dez quilômetros de cada lado das rodovias federais. Essa proposta foi impedida quando o governo de João Goulart foi derrubado e instaurado o regime militar. Mais uma vez as propostas ficaram perdidas nos encaminhamentos.

Como o debate e a reivindicação pela reforma agrária no país estavam em ebulição, o governo militar adotou uma medida "drástica" em relação aos movimentos sociais. Utilizou-se de estudos realizados por uma instituição político-militar,[15] pouco antes do golpe de 1964, para elaborar, e logo após aprovar, o Estatuto da Terra. Esse documento, criado e acoplado ao Ibra (Instituto Brasileiro de Reforma Agrária), apesar de se constituir em um trabalho muito rico, teve apenas a finalidade de redirecionar o problema da reforma agrária para o âmbito estritamente econômico.

O motivo pelo qual os militares não assumiram um caráter político-social relativo à reforma agrária foi acreditar que tudo se resolveria por meio do progresso econômico. Nesse caso, foi o uso militar que se apropriou de uma tese balizada por estudiosos que fazia crer que o fim do latifúndio e do problema agrário dar-se-ia pela transformação dos latifúndios em grandes empresas rurais. Por meio de incentivos fiscais, conseguiram atrair as grandes empresas dos centros comerciais, principalmente São Paulo, para com os latifúndios aumentar a produção e transformar o trabalho familiar camponês em trabalho assalariado.

Até certo ponto, os acontecimentos históricos nos revelam que parte disso aconteceu, mas não como planejado. As grandes empresas estabeleceram-se principalmente na região amazônica com projetos de colonização, como previsto no Estatuto da Terra, mas instalaram-se apenas para se apropriar dos incentivos e a partir de então transformar a propriedade da terra em reserva de valor.

Ocorreu intensa migração dos camponeses nordestinos (pois no Nordeste os conflitos por terra eram mais freqüentes e polvorosos) para as regiões Norte e Centro-Oeste. Com essa atitude governamental, os conflitos acirram-se ainda mais com a disputa entre posseiros, madeireiros e indígenas pelo direito e pelo acesso à terra.

Nitidamente fracassados os projetos governamentais, restou apenas o "latifúndio modernizado". Os tradicionais coronéis, que freqüentemente surgiam na mídia, tiveram de se modernizar e transformaram-se em grandes empresários

Tabela 03

Os maiores latifundiários do Brasil

Nome	Municípios	Área (ha)
MANASA - Madeireira Nac. S/A	Lábrea - AM e Guarapuava - PR	4.140.767
Jari Florestal e Agropecuária	Almerim - PA	2.918.829
APU - Agroflorestal Amazônia	Jutaí e Carauri - AM	2.194.874
Cia. Florestal Monte Dourado	Alerim e Mazagão - PA	1.682.227
Cia. de Desenvolvimento do Piauí	Castelo do Piauí, São Miguel do Tapuio, Pimenteiras, Manoel Emídio, Nazaré do Piauí, São Francisco do Piauí, Oeiras, Canto do Buriti, Ribeiro Gonçalves e Urucuí - PI	1.076.752
Cotriguaçu Colon Aripuanã S/A	Aripuanã - MT	1.000.000
João Francisco Martins Barata	Calcoene - AP	1.000.000
Manoel Meireles de Queiroz	Manoel Urbano - AC	975.000
Rosa Lina Gomes Amora	Lábrea - AM	901.248
Pedro Aparecido Dotto	Manoel Urbano e Sena Madureira - AC	804.888
Albert Nicola Vitali	Formosa do Rio Preto - BA	795.575
Antônio Pereira de Freitas	Atalaia do Norte, Benjamin Costant e Estirão do Equador - AM	704.574
Malih Hassan Elamdula	Itamarati - AM	661.173
Moraes Madeira Ltda	Itamarati e Carauri- AM	656.794
INDECO S.A. - int.	Alta Floresta, Aripuanã e Diamantino - MT	615.218
Desenvolvimento e Colonização Mario Jorge Medeiros de Moraes	Carauri - AM	587.883
Agroindustrial do Amapá S/A	Magazão - AP	540.613
Francisco Jacinto da Silva	Sandovalina - SP, Feijó - AC, Taraucá - AC, Envira - AM e Naviraí - MS	460.406452.000
Plínio Sebastião Xavier Benfica	Auxiliadora e Manicoré - AM	448.000
Cia. Colonizadora do Nordeste	Carutapera - MA	436.340
Jorge Wolney Atala	Pirajuí - SP e Feijó - AC	432.119
Jussara Marques Paz	Surunduri - AM	432.119
Adalberto Cordeiro e Silva	Pauini e Boca do Acre - AM e Feijó - AC	423.170
Rômulo Bonalumi	Canamari - AM e Cruzeiro do Sul - AC	406.121
União de Construtoras S/A	Formosa do Rio Preto - BA	405.000
Mapel Marochi Ag. e Pecuária	Itaituba - PA	398.786
Total		25.547.539

Fonte: Cálculos, tabulação e idealização do Eng. Agrônomo Carlos Lorena a partir de dados do Incra. Publicado em "Alguns pontos de discussão – a questão da Reforma Agrária: o caso Brasil", 1988. In: OLIVEIRA, A. U. 1995.

MOVIMENTO CAMPONÊS REBELDE

rurais, como já relatado em Kageyama (1986). Na Tabela 03, na página anterior, podemos observar a localização dessas grandes empresas latifundiárias.

A existência e o aumento da concentração de terras no Brasil já fazem parte também do noticiário brasileiro e internacional. Foi até mesmo divulgada pelo Ministério de Desenvolvimento Agrário uma publicação sobre a grilagem no Brasil.[16] Em reportagem encontrada em uma revista de circulação nacional,[17] foi denunciado que havia no estado do Pará uma área de aproximadamente 5,7 milhões de hectares sob o domínio de apenas um empreiteiro.

É por causa de dados como esses – para a grande maioria da sociedade brasileira tratados como escândalo e para os camponeses como a mais dura realidade vivida diariamente – que os movimentos sociais se mobilizam. É por um sentido justo que lutam pelo acesso à terra. É por isso que lutam, é por isso que morrem. Mas é também por isso que outros nascem. É por esse caminho contraditório que entendemos o desenvolvimento do modo de produção capitalista no campo brasileiro.

NOTAS

[1] A. U. Oliveira, Modo capitalista de produção e agricultura, São Paulo, Ática, 1995.

[2] A. U. Oliveira, A longa marcha do campesinato: movimentos sociais, conflitos e reforma agrária, em Dossiê Desenvolvimento Rural, USP, IEA, v. 15, n. 43, 2001, p.188.

[3] A. U. Oliveira, "O campo brasileiro no final dos anos 80", em J. P. Stédile (org.), A questão agrária hoje, Porto Alegre, Editora da Universidade, 1994, p. 56 e "A longa marcha do campesinato brasileiro: movimentos sociais, conflitos e Reforma Agrária", em Dossiê Desenvolvimento Rural, Universidade de São Paulo, Instituto de Estudos Avançados, v. 15, n. 43, set./dez. 2001, p. 156.

[4] A. Kageyama, "Os maiores proprietários de terras do Brasil", em Revista Reforma Agrária, Campinas, Abra, ano 16, abr./jul. 1986, p. 63.

[5] A. U. Oliveira, Modo capitalista de produção e agricultura, cit.

[6] A. U. Oliveira, "O campo brasileiro no final dos anos 80", em J. P. Stédile (org.), A questão agrária hoje, Porto Alegre, Editora da Universidade, 1994.

[7] A. U. Oliveira, "O que é? Renda da terra", em Revista Orientação, Instituto de Geografia, São Paulo, n. 7, 1986a, pp. 77-85.

[8] R. Abramovay, "Agricultura familiar e capitalismo no campo", em J. P. Stédile (org.), A questão agrária hoje, Porto Alegre, Editora da Universidade, 1995.

[9] O. Ianni, "Revoluções camponesas na América Latina", em J. V. T. dos Santos (org.), Revoluções camponesas na América Latina, São Paulo, Ícone/Ed. Unicamp, 1985, pp. 15-45.

[10] B. C. Oliveira, "Tempo de travessia, tempo recriação: os camponeses na caminhada. Estudos Avançados", em Dossiê Desenvolvimento Rural, USP, IEA, v. 15, n. 43, pp. 255-65, set./dez., 2001.

[11] Segundo a FAO/1990, o Brasil foi considerado o segundo país do mundo em nível de concentração de propriedade da terra, só ficando atrás do Paraguai. Se considerarmos que grande parte dos proprietários rurais nesse país tem origem brasileira, só nos resta levar em conta o primeiro no ranking.

[12] J. S. Martins, O poder do atraso: ensaios de sociologia da história lenta, São Paulo, Hucitec, 1994.

[13] Incra – Documento do governo federal sobre a questão fundiária no Brasil, 1997.

[14] Essa divisão territorial foi baseada na interpretação adotada por Oliveira, op. cit., 2001: "A região Nordeste aqui considerada não inclui o Maranhão em decorrência de sua inclusão na Amazônia. Trata-se da necessidade de uma nova discussão sobre a divisão regional do Brasil. A Amazônia, neste trabalho, congrega os estados que compõem a Amazônia legal, ou seja, todos os estados da região Norte mais o Maranhão e o Mato Grosso. A região Centro-Sudeste é formada pelos estados da região Sudeste mais o Mato Grosso do Sul, Goiás e Distrito Federal. Não trabalho, portanto, com a região Centro-Oeste, em decorrência de sua quase impossível caracterização geográfica. A região Sul segue com os seus três estados tradicionais."

[15] Instituição que realizou o estudo foi o Ipes (Instituto de Pesquisa Econômico Social), tendo apoio da Aliança para o Progresso – programa criado pelos Estados Unidos para auxiliar os países latino-americanos na tentativa de afastar prováveis manifestações e revoluções, como a de Cuba.

[16] Incra – Livro Branco da Grilagem, 1999.

[17] "O maior latifundiário do mundo", em Veja, São Paulo, Abril, 13 jan. 1999, pp. 28-35.

A GEOGRAFIA DOS ASSENTAMENTOS RURAIS NO BRASIL

Planos políticos governamentais de reforma agrária

A política de reforma agrária na década de 1980

Para entendermos as políticas públicas agrárias da década de 1980, e até mesmo as atuais, é fundamental conhecer um pouco sobre as instituições, os planos governamentais e seus respectivos papéis na questão agrária brasileira.

Se comparados à sua aplicação, o número de instituições e organismos governamentais voltados para esse assunto era grande e desproporcional. Preferimos, então, listar e analisar aqueles de maior representação, a partir do período do regime militar pós-1964.

O debate sobre a reforma agrária e os conflitos sociais da década de 1960 cresciam, o que fez com que o governo militar procurasse enfraquecer e refrear os movimentos sociais.

> [...] os militares perceberam isso com clareza, razão por que vêm se envolvendo progressivamente na questão agrária. Sua tática tem vários níveis. Em primeiro lugar, implica desmobilizar os grupos locais que surgem a partir dos conflitos. Nos casos extremos, essa desmobilização se dá através da desapropriação por interesse social das terras em litígio; em outros casos, envolve a titulação das terras, geralmente mediante um acordo entre as partes. Com isso, a redução do problema à sua dimensão econômica tira dele o potencial político. Em segundo lugar, envolve a desmoralização das lideranças e, sobretudo, das mediações – sindicato, igreja, grupos de apoio [...] em terceiro lugar, envolve o aparecimento e a disseminação das instituições e atividades de intervenção direta do Estado e dos militares na

vida civil das populações rurais, através da Operação Cívico-Social do Exército, do Mobral, do Projeto Rondon ou do controle e administração de recursos públicos para interferir nos vários níveis da ordem social não diretamente relacionados com a questão da terra.[1]

O motivo pelo qual os militares não davam um caráter político-social à reforma agrária estava relacionado ao fato de acreditar que tudo se resolveria com o progresso econômico. Por meio de incentivos e subsídios fiscais, pretendiam atrair grandes empresas, e essas ao lado do latifúndio, modernizariam-se e aumentariam, assim, a produção, transformando o trabalho camponês em uma forma assalariada e o latifundiário em grandes empresários rurais. A esse processo denominou-se "modernização conservadora". No entendimento sobre o desenvolvimento capitalista na agricultura, essa é uma corrente teórica que defende a transformação dos latifúndios em empresas rurais capitalistas, que supostamente resolveria o problema da produção de alimentos tanto para o consumo interno como para a exportação.

Não foi exatamente assim que aconteceu. Grandes empresas foram para essa região apenas para receber os incentivos fiscais. Com isso, ocorreu uma forte migração de camponeses do Nordeste (onde os conflitos sociais eram mais expressivos e tensos) para as regiões Norte e Centro-Oeste, ao passo que não acontecia uma reforma agrária como foi apregoada pelos militares.

O regime militar designou a incumbência de se realizar um projeto de lei de reforma agrária e, em 30 de novembro de 1964, foi aprovada no Congresso Nacional a Lei 4.501, que criava o Estatuto da Terra. Devido à conjuntura e às circunstâncias políticas, esse documento não se limitou apenas à questão fundiária. Abrangia também questões sobre a política agrícola, dando ênfase ao processo de modernização da agricultura, direcionado ao desenvolvimento rural no Brasil.

Para fazer valer o Estatuto da Terra, foram criados dois órgãos: o Instituto Brasileiro de Reforma Agrária (Ibra), ligado às questões de reforma agrária, e o Instituto Nacional de Desenvolvimento Agrícola (Inda), voltado às políticas agrícolas para o desenvolvimento rural.

A reforma agrária como preocupação do governo tornou-se evidente quando se pôde verificar a subordinação dos organismos citados. O Ibra ficaria subordinado diretamente à Presidência da República e o Inda seria vinculado ao Ministério da Agricultura (tradicionalmente comandado por grandes proprietários capitalistas).

Segundo estudioso da questão agrária, o Ibra não criou projetos de reforma, mas sim:

Iniciou seus trabalhos fazendo levantamento de dados, principalmente através do cadastramento dos imóveis e sua análise. Para tanto montou-se um aparato para processamento das informações dos mais avançados para a época. Foi tão grande o envolvimento com este tipo de atividade que poder-se-ia dizer que os meios tornaram-se os fins.[2]

Com a publicação do Decreto-lei 1.100, em 9 de julho de 1970, o Inda e o Ibra deixaram de existir. Na mesma ocasião foi criado o Instituto Nacional de Colonização e Reforma Agrária (Incra), porém esse organismo foi subordinado à pasta do Ministério da Agricultura, o que não prometia muitos resultados devido à presença de grandes latifundiários no ministério.

Como estratégia de substituir uma proposta de reforma agrária, o governo federal criou concomitantemente vários programas, como o PIN (Programa de Integração Nacional), o Provale (Programa Especial para o Vale do São Francisco), o Proterra (Programa de Redistribuição de Terras e de Estímulo à Agroindústria do Norte e Nordeste), o Poloamazônia (Programa de Pólos Agropecuários e Agrominerais de Amazônia) e o Polonordeste (Programa de Desenvolvimento de Áreas Integradas do Nordeste), que deveriam, na realidade, deveriam estar voltados para um desenvolvimento regional.

Em 1980, foram formados o Grupo Executivo de Terras do Araguaia/Tocantins (Getat) e o Grupo Executivo de Terras do Baixo Amazonas (Gebam), com a finalidade de ocupar os "espaços vazios" e, nesse sentido, repreender o crescimento de forças políticas na luta pelo acesso a terra e confiscar o poder das oligarquias regionais, o poder local dos "coronéis", excluídos da política econômica e fundiária.

A preocupação desses programas era reconhecer a importância da reforma agrária. Todavia, algumas poucas ações foram desenvolvidas nas regiões Norte e Centro-Oeste, onde os projetos de colonização ganharam um peso maior, como pode ser observado na Tabela 04.

Tabela 04
Projetos de colonização e assentamentos – Brasil
Período 1965/1984 – por região

Região	Programas	Área	Famílias
Centro-Oeste	129	3.724.164	27.271
Norte	46	18.579.512	107.079
Nordeste	38	1.155.781	17.081
Sul	35	181.570	7.335
Sudeste	16	79.431	3.702
Total	264	23.720.395	162.468

Fonte: Incra (in: PINTO, L. C. G. 1995).

No entanto, devido ao aparecimento desses grupos, o Incra ficou praticamente isolado e sem ação, fato evidenciado em 1982, quando o governo militar criou o Meaf (Ministério Extraordinário para Assuntos Fundiários), comandado por um general. O que estava acontecendo de fato naquele momento era uma reestruturação de organismos de reforma agrária, que na realidade se restringiam mais à colonização e à regularização fundiária.

Em 1985, após 21 anos de governo militar, com a posse de um presidente civil eleito indiretamente, o Brasil entrou na chamada transição democrática. Após o falecimento de Tancredo Neves, o vice-presidente José Sarney herdou a presidência da Nova República, assumindo todos os compromissos de Tancredo Neves referente à questão agrária. Criou o Ministério da Reforma e do Desenvolvimento Agrário (Mirad) e escolheu Nelson Ribeiro para ministro, ficando o Incra a ele subordinado. O presidente do Incra naquele momento era José Gomes da Silva, agrônomo, grande defensor de uma efetiva reforma agrária. Aliás, um dos autores do Estatuto da Terra.

Os indícios de que a reforma agrária seria colocada na pauta política daquele governo ficaram nítidos no IV Congresso da Confederação Nacional dos Trabalhadores na Agricultura (Contag). O presidente Sarney e o ministro compareceram a esse congresso[3] e apresentam uma proposta para a elaboração do 1º Plano Nacional de Reforma Agrária (PNRA) da Nova República.

A necessidade de preparar um Plano Nacional de Reforma Agrária manifestava-se desde o Estatuto da Terra; no entanto, até a sua aprovação, em outubro de 1985, muitos recuos aconteceram, o que o diferenciou radicalmente da proposta inicial lançada no Congresso da Contag. Cabe registrar alguns momentos de recuos na elaboração do PNRA.

Em março de 1985, o Incra entregou ao ministro Nelson Ribeiro o primeiro roteiro para a preparação do PNRA, contendo as seguintes características:

> O PNRA deverá ser simples, pragmático, não-sofisticado, passível de ser entendido, acompanhado e avaliado pelo povo em geral. Os futuros beneficiários – trabalhadores rurais sem-terra ou com terra insuficiente – deverão participar da sua elaboração, execução e avaliação. O Governo deverá submeter o PNRA ao IV Congresso Nacional dos Trabalhadores Rurais a ser realizado em maio próximo.[4]

O roteiro propunha o assentamento de três milhões de famílias em dez anos, fazendo com que a efetivação de uma reforma agrária constasse em mudanças estruturais também dos próximos mandatos. Nos recuos do plano, o governo chegou ao número de 1,4 milhão de famílias em quatro anos, vendo como desnecessárias as discussões para as próximas administrações.

O documento entregue como primeiro roteiro propunha a criação dos seguintes grupos de ação: Grupo de Recursos Legais, Grupo de Recursos Terra, Grupo de Integração e Descentralização, Grupo de Recursos Financeiros, Grupo de Família-Tipo e do Assentamento-Tipo, Grupo de Recursos Humanos, Grupos de Medidas de Apoio, Grupo de Terras Indígenas, Grupo de Terras Urbanas, Grupo de Projetos Especiais, Grupo de Atividades-Meio, Grupo de Atividades Complementares, Grupo de Planejamento, Grupo de Estratégia da Reforma Agrária, Grupo de Coordenação e Grupo Interinstitucional.

A estratégia mantida na proposta para se realizar uma reforma agrária justa e de interesse dos trabalhadores estava contida na formação dos grupos. Todos os citados anteriormente deveriam ser constituídos da seguinte maneira: membros do Incra, trabalhadores rurais ou pessoa ligada à sua organização, entidade não-governamental, e um consultor independente.

Essa forma de organização garantiria a participação e o atendimento das necessidades dos trabalhadores rurais. Porém, declarava-se totalmente contra os grandes proprietários, fazendo com que a reação dos conservadores contra a proposta de reforma agrária florescesse.

Baseada no primeiro roteiro e nas contribuições dos grupos de trabalho, lançada no IV Congresso da Contag, em maio de 1985, a proposta inicial de reforma agrária foi a seguinte:

> Na sua introdução, via-se claro a posição da equipe, mexendo profundamente com os proprietários/latifundiários/conservadores. Relataram dados referentes à concentração fundiária, à inadimplência dos grandes proprietários nos pagamentos do Imposto Territorial Rural (ITR), à questão dos conflitos de terra, da supressão do pagamento em dinheiro quando declarada a desapropriação e à delimitação do que seria Reforma Agrária e Colonização.[5]

Nas propostas de reforma agrária, os ataques aos latifúndios foram ainda maiores e mais diretos, como as que se seguem:

> - conter a expansão do latifúndio e implantar um setor reformado de dimensão significativa, inclusive através de novas medidas legais como o instituto da "área máxima", a regulamentação e cobrança da Contribuição da Melhoria e até a mudança da política de incentivos fiscais e o redirecionamento dos créditos rurais;
> - proporcionar ao trabalhador rural o direito de definir o sistema de tenência que mais lhe conviesse nos futuros assentamentos;
> - abrir possibilidades para formas outras (comunitárias, associativas, cooperativas, mistas, etc.) e não apenas a propriedade individual e o sistema de produção familiar.[6]

O 1º Plano Nacional de Reforma Agrária ficou estruturado em duas partes: uma relativa aos pressupostos da reforma agrária e a segunda sobre a reforma agrária.

A primeira parte do plano debatia a necessidade da reforma agrária, seus princípios básicos como estratégia governamental, entre outros. A segunda, que tratava diretamente da reforma, possuía quatro capítulos: 1) objetivos e metas; 2) áreas prioritárias; 3) estratégia de ação e 4) recursos e financiamentos.

Já o 2º Plano tinha como objetivo geral da reforma agrária:

> [...] promover melhor distribuição da terra, mediante modificações no regime de sua posse e uso, adequando-a às exigências de desenvolvimento do país através da eliminação progressiva do latifúndio e do minifúndio, de modo a permitir o incremento da produção e da produtividade, atendendo, em conseqüência, os princípios de justiça social e o direito de cidadania do trabalhador rural.

A meta estabelecida pelo PNRA era a de assentar, no quadriênio 1985/1989, 1,4 milhão de famílias, nos seguintes períodos, conforme apresentado na Tabela 05 a seguir.

Tabela 05
Metas do 1º PNRA – 1985/1989

Período	Famílias beneficiárias (mil)
1985 –1986	150
1987	300
1988	450
1989	500
Total	1.400

As áreas prioritárias para o assentamento desse 1,4 milhão de famílias seriam definidas em duas etapas complementares. Na primeira, determinar-se-iam o número de famílias beneficiárias e a área necessária, e na segunda, a especificação de zonas geográficas que circunscrevam as áreas de assentamento. Na proposta apresentada, a área necessária para o assentamento das famílias de trabalhadores rurais, no período de 1985/1989, correspondia a 43 mil hectares, sendo as regiões Norte e Nordeste os principais eixos de atuação.

Os programas previstos no 1º Plano Nacional de Reforma Agrária da Nova República tinham as seguintes naturezas (Básico, Complementar e de Apoio), conforme Tabela 06.

As estratégias imediatas para 1985/1986 buscavam um posicionamento de nunca dar trégua ao latifúndio e solucionar rapidamente os conflitos agrários.[7]

Tabela 06
Programas previstos no 1º Plano Nacional de Reforma Agrária da Nova República

Natureza dos Programas	Denominação
Básico	• Assentamento de Trabalhadores Rurais
Complementar	• Regularização Fundiária • Colonização • Tributação da Terra
Apoio	• Cadastro Rural • Estudos e Pesquisas • Apoio Jurídico • Desenvolvimento de Recursos Humanos

Fonte: Plano Nacional de Reforma Agrária, 1985.

Outras medidas levantadas diziam respeito a ações necessárias e imediatas para o início do processo de reforma agrária no Brasil.[8]

O último capítulo da proposta de reforma agrária também criou muita polêmica, pois tratava dos Recursos e Fontes de Financiamento. Os fundos para a distribuição de terra viriam da diminuição do preço pago pelas desapropriações aos proprietários de terra. O grupo de trabalho que coordenou a discussão sobre os custos estimou o valor básico do hectare em 60% da cotação média do mercado,[9] provocando radicalmente a classe dos grandes proprietários de terras.

As reações e manifestações contra a proposta de reforma agrária foram imediatas. A Confederação Nacional da Agricultura (CNA), a Sociedade Rural Brasileira (SRB) e a Organização das Cooperativas Brasileiras (OCB) posicionaram-se contrariamente à proposta de reforma agrária e, por isso, uniram-se e organizaram um Congresso Brasileiro sobre a Reforma Agrária (ou sobre a melhor maneira de não concretizá-la), realizado em junho de 1985 em Brasília. Além disso, logo após o Congresso, fundaram a União Democrática Ruralista (UDR).

A UDR firma-se como um movimento dos latifundiários contra a implantação do Plano de Reforma Agrária, já quando fora proposto no Congresso da Contag, além de se caracterizar como uma força que usava de métodos violentos para conter as manifestações dos movimentos sociais que reivindicavam a democratização do acesso à terra.

A partir desse quadro, iniciaram-se as negociações e articulações para a elaboração final do Plano Nacional de Reforma Agrária. Os recuos da proposta original, como mencionado, foram tamanhos a ponto de regredir nas ações e propostas relativas à reforma agrária. As lutas para a elaboração se travaram no Congresso Federal, onde a bancada ruralista tinha peso e muito poder.

Após muitas alterações e 12 versões,[10] em outubro de 1985 o presidente José Sarney aprovou o 1º Plano Nacional de Reforma Agrária. Porém, a meta de assentar 1,4 milhão de famílias continuou no plano, mas mudanças radicais impossibilitaram sua efetivação. Tais como:

> [...] os latifúndios (por dimensão e exploração) que estejam cumprindo sua função social não poderão ser desapropriados;
> [ou então]
> [...] as áreas com alta incidência de arrendatários ou parceiros não são desapropriáveis. Em outras palavras, a primeira cria a figura do latifúndio produtivo; a segunda colide frontalmente com o Estatuto da Terra (artigo 20) que reza exatamente o contrário.[11]

Outros pontos do Plano e de seu processo de elaboração também revelaram que o governo federal não iria realizar a reforma agrária. O papel dos trabalhadores rurais foi reduzido, recebendo tratamento paritário, que acabou criando desigualdade política. O decreto assinado não satisfez a primeira exigência da lei, ou seja, a delimitação de áreas prioritárias. Ao substituir a desapropriação por "negociação", foi consumado o grande recuo político, já que a aplicação desse instrumento e o conseqüente pagamento em Títulos da Dívida Agrária (TDA) significavam, na prática, uma sanção ao não cumprimento da função social. Com isso, a reforma passou a constituir um ato voluntário dos proprietários rurais.[12]

Após a assinatura do decreto que aprovou o 1º PNRA, o então presidente do Incra, José Gomes da Silva, demitiu-se. O ministro Nelson Ribeiro saiu do Mirad, sendo substituído por Dante de Oliveira e, logo após, por Marcos Freire, que morreu misteriosamente em um acidente de avião.

> Marcos Freire que morreu em "acidente de avião próximo ao aeroporto de Carajás, Pará", juntamente com outros dois diretores da cúpula do Mirad, inclusive o então presidente do Incra José Eduardo Raduam. O curioso é que o aeroporto de Carajás fica na região onde ocorre hoje o maior número de conflitos de terras com vítimas fatais. Carajás, no Sudoeste do Pará, era área, onde principalmente, entre 84/85, mais trabalhadores foram assassinados no campo.[13]

A reforma agrária na Constituição de 1988

O que restou de esperança no pós-PNRA para os trabalhadores rurais foi a Constituinte de 1988. Espaço de muita luta política, o Congresso Nacional derrubou expectativa de milhares de trabalhadores sem-terra:

> A "bancada ruralista" com apoio da UDR, praticamente venceu a batalha parlamentar, e a Constituição de 1988 passou a conter uma legislação menos abrangente que o próprio Estatuto da Terra [...] o latifúndio do país conseguiu incluir na Constituição o caráter insuscetível de desapropriação da propriedade produtiva e transferiu para a legislação complementar a fixação das normas para o cumprimento dos requisitos relativos a sua função social.[14]

Devido à tamanha articulação e disputa no espaço político nacional, as discussões sobre a reforma agrária durante a elaboração da Constituição de 1988 mereceriam um capítulo à parte neste livro; porém, para não escaparmos ao nosso tema, limitar-nos-emos a esboçá-las a seguir.

A Carta constitucional, segundo a maioria dos estudiosos da questão agrária brasileira, apresentou o maior retrocesso político para a firmação dos direitos da grande maioria da população presente no campo brasileiro. Ao considerar e inserir na Constituição (conforme artigo 185, inciso II) a impossibilidade de desapropriação de "propriedades produtivas", a realização da reforma agrária estava – pelo menos provisoriamente – muito longe de ser efetivada. Com essa confusão estabelecida, a bancada ruralista no Congresso conseguiu alterar e dificultar os processos de desapropriações, pois o termo propriedade produtiva abre margem para várias interpretações, ocasionando dificuldades de ordem legal, agronômica e operacional.

Além disso, a Constituição de 1988 apresentou outros atrasos para o estabelecimento da reforma agrária. Segundo Gomes da Silva (1988), para a eficácia de uma legislação constitucional, com vistas à reforma agrária, é necessário se ater a três processos-chave: como é feito o pagamento (título ou dinheiro), o quão rápido o Estado se utiliza do modo de imissão na posse (prévio ou posterior) e a definição do valor das terras desapropriadas (justo).

As discussões ocorridas no Congresso levaram à conclusão de que o processo de desapropriação deveria passar pelo pagamento prévio das indenizações, com preço justo, sem definir critérios de fixação, diferentemente do Estatuto de 1964, que estabelecia o pagamento posterior das indenizações.

Ainda sobre o texto constitucional, a presença do artigo 186, que trata da função social da terra, trouxe elementos para muitos debates. Primeiro, pelo fato de que se opõe e anula quase totalmente o artigo 185, o qual diz que a "propriedade produtiva" é insuscetível de desapropriação para fins de reforma agrária, sem dar seu significado.

O artigo 186 da Constituição Federal diz:

> Art. 186. A função social da propriedade é cumprida quando a propriedade rural atende simultaneamente, segundo critérios e graus de exigência estabelecidos em lei, aos seguintes requisitos:
>
> I aproveitamento adequado;
>
> II utilização adequada dos recursos naturais e preservação do meio ambiente;
>
> III observância das disposições que regulam as relações de trabalho;
>
> IV exploração que favoreça o bem estar dos proprietários e dos trabalhadores

Pelo fato de a Constituição ainda não estar regulamentada no artigo que versa sobre o não-cumprimento da função social da propriedade, abriu-se um enorme precedente; por exemplo, aos proprietários que têm suas áreas ocupadas por camponeses sem-terra, que se concentram em questionar os laudos de vistorias que indicam a produtividade das fazendas. Com esse tipo de questionamento, os processos de desapropriação podem perdurar por anos até sua solução definitiva.

Na atualidade, os movimentos sociais começaram também a refletir sobre outros critérios estabelecidos no artigo 186, como a utilização adequada dos recursos naturais e preservação do meio ambiente e as relações trabalhistas.

O presidente José Sarney, no final de seu mandato, extinguiu o cargo de ministro da reforma agrária e, logo após, extinguiu também o próprio Mirad, recriando o Incra, extinto por Jader Barbalho em 1987, quando assumiu o Mirad.

O 1º PNRA foi um fracasso; a batalha no congresso, uma derrota. De 1,4 milhão de famílias previstas, apenas 69.778 foram assentadas. A proposta de desapropriar 43 milhões de hectares de terras chegou ao número irrisório de 3 milhões de hectares, menos de 10% da área proposta no PNRA.

Atentando-nos para as regiões brasileiras, vemos na Tabela 07 que o pouco do que foi realizado está concentrado na região amazônica. Esse fato revela que no Brasil, no período da Nova República, a política de reforma agrária estava baseada somente na regularização e colonização de áreas de "fronteiras". Das 36.782 famílias assentadas na Amazônia, 8.897 eram do Maranhão, e estavam em uma área (945.089) superior ao total desapropriado na região Centro-Sudeste (346.750) e Nordeste (555.774).

Na Amazônia ocorreram 144 projetos de assentamentos, por meio dos quais foram desapropriados 2.655.951 hectares para assentar 36.782 famílias. A região Nordeste aparece em segundo lugar, com 156 projetos em uma área de 555.774 hectares, abrangendo um total de 14.984 famílias. Em seguida, vem o Centro-Sudeste, com 10.417 famílias em uma área de 346.750 hectares, e Sul, com o assentamento de 7.595 famílias abrangendo uma área de 157.318 hectares.

Analisando a concentração territorial dos assentamentos no Brasil neste período, nota-se que os estados do Sul, mesmo tendo uma área e número de famílias inferiores aos da região amazônica, possuem uma forma de organização mais forte e talvez mais coesa, pois somente nos três estados foram realizados 155 assentamentos rurais, reflexo sem dúvida do início das ações do Movimento dos Trabalhadores Rurais Sem-Terra. Vale pensar também que esses assentamentos dão seqüência ao processo de territorialização das unidades de produção camponesa.

Tabela 07
Brasil: assentamentos de reforma agrária
Governo José Sarney – 1985/1989

Regiões /UF	Nº de Assentamentos	Nº de Famílias	Área (ha)
Amazônia	145	36.782	2.655.951
AC	09	845	171.303
RO	16	6.546	269.537
AM	05	3.744	244.922
RR	0	0	0
AP	0	0	0
PA	24	7.561	484.783
TO	28	2.723	187.137
MT	33	6.466	353.180
MA	30	8.897	945.089
Nordeste	156	14.984	555.774
PI	06	356	9.525
CE	46	4.681	133.596
RN	18	1.298	42.890
PB	14	522	9.121
PE	25	896	17.428
AL	04	238	3.415
SE	06	468	10.466
BA	37	6.525	329.333
Centro-Sudeste	93	10.417	346.750
ES	06	341	4.583
MG	16	1.666	84.630
RJ	14	1.440	16.119
SP	24	2.157	50.533
GO	12	1.034	74.250
MS	21	3.779	116.635
Sul	155	7.595	157.318
PR	66	3.275	77.435
SC	45	2.124	37.592
RS	44	2.199	42.291
BRASIL	548	69.778	3.715.793

Fonte: Incra, 1995
Org.: FELICIANO, C. A.,1999.

Nos estados da região amazônica, nota-se que sua distribuição ficou dispersa. Somente na região do Bico do Papagaio (entre os estados do Pará, Maranhão e Tocantins) é que se apresenta uma concentração de assentamentos.[15] Isso pode ser explicado pelo fato de ser uma região com altos números de conflitos de terra e registro de assassinato no campo, o que força o Estado a realizar uma política concentrada de assentamentos rurais.

O Nordeste também apresentou grande mobilização dos camponeses, por isso foi a região em que houve o maior número de assentamentos implantados no período da Nova República.

A década de 1980 terminou da maneira como os latifundiários tanto almejavam, isto é, sem mudanças eficazes, seja minimamente na legislação, seja nas políticas governamentais.

Década de 1990: o discurso e a "política do possível"

Em 1989, a população brasileira, pela primeira vez após o golpe militar de 1964, foi às urnas em eleições diretas para a presidência da República, elegendo o candidato Fernando Collor de Mello ao cargo.

No governo Collor, as propostas referentes à realização da reforma agrária basearam-se no Programa da Terra, apresentado somente em 1992. Esse programa continha a meta de assentar quatrocentas mil famílias durante os quatro anos de governo, conforme pode ser observado na Tabela 08. Uma proposta infame, evidenciando mais um retrocesso em relação à questão agrária no Brasil, comparando-se com a proposta do governo anterior de assentar 1,4 milhão de famílias. A estratégia traçada nesse programa constava de "uma integração dessas ações setorialmente e em diferentes esferas do Governo, a suficiências de recursos financeiros, a obtenção de áreas favoráveis a assentamento e a modernização do Incra".[16]

Tabela 08
Número de famílias a serem atendidas no período de 1992 a 1994

Ações	Famílias já atendidas	Famílias a serem atendidas				
	1991	1992	1993	1994	Subtotal	Total
Assentamento de novas famílias	14.493	50.000	147.500	188.007	385.507	400.000
Apoio aos projetos de colonização e assentamento	175.110	107.034	160.981	201.907	-	-
Emancipação de projetos de assentamentos	-	8.963	39.611	59.945	108.519	108.519
Emancipação de projetos de colonização	228	28.090	28.013	24.981	81.084	81.312
Regularização Fundiária	-	11.284	-	-	11.284	11.284

Fonte: Ministério da Agricultura/Incra -Programa da Terra, 1992.

A proposta daquele governo, assim como de todos os anteriores, foi de apenas amenizar os conflitos agrários onde as disputas pela terra eram mais acirradas e explosivas. A estratégia proposta na integração de diferentes esferas governamentais perde seu sentido com a própria política de desmantelamento das instituições e da administração pública do governo federal:

> [...] este enfraquecimento institucional atinge o auge durante o governo Collor, quando quase toda a administração pública federal é submetida, de forma irresponsável e inconsequente, a um processo de desmantelamento e sucateamento, cujos reflexos estão presente até os dias de hoje. O Incra foi fortemente atingido, com demissões e disponibilidades de servidores em larga escala e sem nenhum critério objetivo, além de contratos irregulares de obras e serviços, denunciados e apurados através de comissões de inquérito administrativo.[17]

A não concretização de uma reforma agrária transpareceu quando o Incra ficou novamente vinculado ao Ministério da Agricultura, ocupado tradicionalmente pelos grandes proprietários de terras. Para o cargo de ministro da agricultura foi nomeado Antonio Cabrera, "oriundo de família de latifundiários e sabidamente cidadão ligado à UDR".[18]

Em 1992, Fernando Collor renunciou ao governo, em consequência do processo de impecheament, ocasionado devido ao seu envolvimento com um grande esquema de corrupção. Assumiu então seu vice, Itamar Franco.

Durante sua rápida passagem pela presidência da República, Fernando Collor de Mello, deixou um número pouco expressivo de projetos de assentamentos (trezentos assentados) e famílias beneficiárias desses projetos (cerca de 39.894 – no plano de ação previsto no Programa da Terra atenderia 64.493), em uma área equivalente a aproximadamente 2.098.590 hectares (conforme Tabela 09).

Como pode ser observado na tabela a seguir, nas ações do governo federal no período de 1990 a 1992, os assentamentos estão localizados no Sul do país (mais especificamente no centro – sul do estado do Paraná) e no Nordeste (estado do Ceará).

Um plano de ação para reforma agrária sequer entrou efetivamente na pauta do governo de Itamar Franco. Havia previsto em seus dois anos de mandato assentar vinte mil famílias em 1993 e mais sessenta mil em 1994. Entretanto, regularizou apenas algumas áreas de conflitos; no entanto, mesmo sem uma política e meta de reforma agrária, Itamar Franco iniciou um diálogo com os movimentos socais existentes no campo, em especial o Movimento dos Trabalhadores Rurais Sem-Terra (MST).

Tabela 09
Brasil: assentamentos de reforma agrária
Governo Fernando Collor – 1990/1992

Região/UF	Nº de Assentamentos	Nº de Famílias	Área (ha)
Amazônia	89	25.143	1.779.664
AC	05	851	57.429
RO	12	4.785	368.121
AM	05	2.076	216.592
RR	0	0	0
AP	0	0	0
PA	20	10.906	691.423
TO	18	1.324	56.404
MT	08	2.251	229.802
MA	21	3.950	159.893
Nordeste	83	5.489	163.620
PI	10	1.068	49.992
CE	19	845	29.844
RN	09	574	15.147
PB	03	121	1.463
PE	18	618	11.883
AL	04	222	2.753
SE	08	403	4.401
BA	12	1.638	48.137
Centro-Sudeste	58	4.736	92.954
ES	19	438	4.371
MG	08	583	22.108
RJ	03	400	2.961
SP	11	1.332	16.350
GO	11	344	12.317
MS	06	1.639	34.847
Sul	70	4.526	62.355
PR	38	2.760	44.111
SC	08	894	2.866
RS	24	872	15.378
BRASIL	300	39.894	2.098.590

Fonte: Incra, 1995.
Org.: FELICIANO, C. A., 1999.

Durante o governo Itamar Franco foram aprovadas duas leis:

[...] a Lei n. 8.629, de 25/02/93, e a Lei Complementar n. 76, de 06/07/93, que passaram a estabelecer, respectivamente, a regulamentação dos dispositivos constitucionais relativos a Reforma Agrária e sobre o processo contraditório especial, de rito sumário, para o processo de desapropriação de imóveis rurais, por interesse social, para fins de Reforma Agrária no Brasil.[19]

Na prática, porém, esse governo pouco fez também para o avanço da reforma agrária no Brasil. Durante os anos de 1993 e 1994, foram implantados apenas setenta projetos de assentamentos rurais, sendo que muitos desses poderiam ser considerados apenas regularização fundiária ou a continuidade do processo vindo do período Collor. O número de famílias assentadas, segundo dados oficiais do Incra, foi de 4.809 famílias, abrangendo uma área total de 156.996 hectares (Tabela 10).

Tabela 10
Brasil: assentamentos de reforma agrária
Governo Itamar Franco – 1993/1994

Região/UF	Nº de assentamentos	Nº de Famílias	Área (ha)
Amazônia	11	1.914	88.590
AC	0	0	0
RO	04	931	43.003
AM	0	0	0
RR	0	0	0
AP	0	0	0
PA	06	909	43.098
TO	01	74	2.489
MT	0	0	0
MA	0	0	0
Nordeste	44	1.848	45.661
PI	10	428	21.867
CE	0	0	0
RN	11	683	17.376
PB	23	737	6.418
PE	0	0	0
AL	0	0	0
SE	0	0	0
BA	0	0	0
Centro-Sudeste	06	677	15.569
ES	01	7	81
MG	0	0	0
RJ	0	0	0
SP	0	0	0
GO	04	430	9.236
MS	01	240	6.252
Sul	09	370	7.176
PR	0	0	0
SC	03	77	1.771
RS	06	293	5.405
BRASIL	70	4.809	156.996

Fonte: Incra, 1995.
Org.: FELICIANO, C. A., 1999.

Comparada à proposta inicial, o governo Collor realizou menos de 1% de sua meta, que foi de 6%, estando os assentamentos concentrados na Amazônia e no Nordeste (respectivamente, 1.914 e 1.848 famílias). Além disso, suas ações estavam voltadas apenas para alguns estados, como a Paraíba, Piauí (onde se chegou perto de uma pequena ação governamental, movida pela pressão dos trabalhadores). Na maioria dos estados brasileiros, o número de assentamentos foi praticamente inexistente.

Em 1994, novamente por meio do processo de eleição democrática pelo voto, Fernando Henrique Cardoso foi eleito presidente da República. Durante as campanhas eleitorais, sua proposta de reforma agrária foi a seguinte:

> A Reforma Agrária é um ponto importante dentro das prioridades do emprego e da agricultura. Aliás, é tempo de passarmos das palavras às ações. Hoje, a Reforma Agrária não pode ser mais uma bandeira ideológica ou de agitação política. É necessária para o desenvolvimento equilibrado do país. Defendo um programa de reforma agrária factível, que seja seletivo (privilegiando a solução de conflitos e complementando com outros programas, como os de irrigação, eletrificação rural, crédito agrícola e assistência técnica). O Brasil tem um potencial irrigável de mais de 50 milhões de hectares. No entanto, menos de 3 milhões de hectares são irrigados hoje. No Nordeste, onde a água é vital, pouco mais de 700 mil hectares estão irrigados. Uma terra irrigada multiplica por cinco o número de empregos. Nossa meta é irrigar, anualmente, 1,5 milhões de hectares. Isso dentro de uma ótica social, juntando-se irrigação com Reforma Agrária. Do contrário, os projetos de irrigação só beneficiam os grandes proprietários.
> Defendo uma política de crédito. E não haverá necessidade de desapropriações de terras para tornar a Reforma Agrária viável.[20]

O programa de reforma agrária continuava no mesmo direcionamento das políticas anteriores: solucionar pontualmente os conflitos fundiários, crédito agrícola e assistência técnica. A novidade apareceu na defesa de uma política que não necessitasse de desapropriações de terras para se realizar uma reforma agrária. Como então realizar uma distribuição de terras sem passar pela desapropriação, se um dos propósitos principais é mudar a estrutura agrária vigente? Mesmo com a implantação de programas de irrigação, a estrutura fundiária teria de ser modificada por meio das desapropriações. Afinal, quem detém o poder e o acesso à distribuição hídrica no Nordeste?

Essa proposta de realizar a reforma agrária sem desapropriar terras era o indicativo para se entender nitidamente os planos de implantação do Projeto Cédula da Terra (PCT) por meio do Banco da Terra. Essas idéias já apresentam a direção da política de reforma agrária nesse primeiro mandato e, consecutivamente, no segundo.

Já como meta de governo, Fernando Henrique Cardoso colocou a questão agrária da seguinte forma:

A discussão, hoje, do tema segurança alimentar exige atenção especial para as questões relativas à democratização do acesso à terra. Todos os países capitalistas que desenvolveram mercados de consumo de massas, além de promoverem políticas de reforma agrária, privilegiaram a agricultura de base familiar, como estratégia na garantia do abastecimento e custos mais baixos, geração de empregos e aumento do salário real para trabalhadores de baixa renda.
Os conflitos agrários existentes no Brasil são conseqüência de uma situação histórica que as políticas públicas não foram capazes de reverter. São necessárias mudanças profundas, no campo. (O governo Fernando Henrique vai enfrentar essa questão, com vontade política e decisão, dentro dos princípios da lei e da ordem). Com a meta de aumento substancial dos assentamentos a cada ano, o objetivo é atingir a cem mil famílias no último ano de seu governo. Essa é uma meta ao mesmo tempo modesta e audaciosa, já que os assentamentos nunca superaram a marca anual de 20.000 famílias.

[...] Medidas adotadas

- executar a reforma agrária estabelecida pela constituição com paz e justiça;
- adotar uma política agrária realista e responsável, com o assentamento de quarenta mil famílias no primeiro ano; sessenta mil, no segundo ano; oitenta mil no terceiro ano e cem mil no quarto ano;
- apoiar os trabalhadores assentados para que possam plantar, colher e progredir;
- executar, em articulação com os estados e municípios, as obras sociais e investimentos de infra-estrutura indispensáveis ao sucesso dos assentados, sobretudo na região Nordeste.[21]

A intenção de "executar uma reforma agrária estabelecida pela constituição com paz e justiça" torna-se uma contradição no governo de Fernando Henrique, que presenciou dois massacres de trabalhadores rurais sem-terra. O primeiro confronto ocorreu em 15 de julho de 1995, no município de Corumbiara, estado de Rondônia, quando 514 famílias de trabalhadores rurais sem-terra, ao ocupar uma área já declarada como improdutiva, resistiram à ordem de despejo expedida pelo juiz Glodner Pauletto, do Fórum de Colorado d'Oeste/RO. Sorrateiramente, as famílias foram atacadas de modo violento, em uma tática planejada pelos policiais, com suspeitas de auxílio de "funcionários" do fazendeiro.

No final desse trágico conflito, 10 pessoas morreram, 125 ficaram feridas, 9 desapareceram, 355 foram presas, 120 foram interrogadas e 74 indiciadas por desobediência e resistência.[22]

Os acontecimentos registrados nesse massacre motivaram abertura de um inquérito na Procuradoria Geral da República e outro na Corregedoria da

Polícia Militar do Estado de Rondônia para apurar as responsabilidades dos integrantes da corporação militar. Sobre esse primeiro massacre, o presidente da República, na ocasião, fez o seguinte pronunciamento: "Massacres, como os da fazenda Santa Elina, em Corumbiara, Estado de Rondônia, são condenados por todos os brasileiros e precisam de punição exemplar."[23]

O segundo confronto ocorrido no campo ficou registrado na história como símbolo internacional da luta camponesa, devido à sua repercussão pelo mundo: em 17 de abril de 1996, no município de Eldorado dos Carajás, no estado do Pará, 19 camponeses foram assassinados pela polícia militar.

O massacre aconteceu quando, após um ano de acampamento, as famílias de trabalhadores rurais sem-terra organizaram uma caminhada de Curionópolis a Belém para pressionar a desapropriação da Fazenda Macaxeira. No dia 15 de abril de 1996, a marcha dos trabalhadores chega a Eldorado dos Carajás e os camponeses interditam a rodovia PA 150 (principal rodovia que liga o sul do estado a Belém). Com isso, o governo enviou duzentos PMs ao local e ordenou a retirada imediata dos sem-terra.[24]

A tropa da 10ª CIPM/Cipoma de Paraupebas, comandada pelo Major Oliveira, chegou ao local interditado posicionado-se a aproximadamente oitocentos metros dos sem-terra. Em uma estratégia de bloqueio, chegou outra tropa, oriunda de Marabá, sob o comando do coronel Pantoja.[25]

Testemunhas narraram o conflito e seus depoimentos constam no inquérito policial:

> A tropa do 4° BPM sob comando do coronel Pantoja, ao desembarcar no local, iniciou a desobstrução da rodovia, com aproximadamente quinze homens munidos de bastões, escudos [...] passando a atirar para o alto, ao mesmo tempo em que avançavam em direção aos "sem-terra", lançando contra estes bombas de efeito moral. Neste momento ao ouvir tiros, o Major Oliveira inicia sua progressão em direção aos sem-terra pela margem da rodovia PA-150, no sentido Eldorado-Marabá, arrastando-se pelo mato buscando a proteção natural de um barranco ali existente. Em razão da investida dos PMs, alguns sem-terra, munidos de pedras, paus, foices, terçados, alguns revólveres e coquetéis "*molotov*", investiram contra os milicianos [...] estes passaram a disparar suas armas contra os manifestantes, fato presenciado e filmado por uma equipe da TV Liberal [...] passados alguns instantes, os PMs, progredindo pelas matas que margeiam o lado direito da rodovia, no sentido Eldorado/Marabá, direcionaram e deflagraram suas armas contra os "*sem-terra*" que faziam uma barreira humana na extremidade de Eldorado de Carajás, atingindo vários deles, os quais passaram a se dispersar, desencadeando um verdadeiro tumulto e desespero entre os integrantes do MST e a equipe de reportagem acima citada. Simultaneamente, a tropa do 4° BPM, igualmente avançou e disparou suas armas contra os sem-terra, que cercados pela frente e por trás, passaram a se abrigar em

alguns casebres às margens da rodovia e a correr para as matas, tentando escapar dos tiros disparados pelos milicianos, transformando o que de início foi um confronto para uma exacerbação da ação militar.

No momento do encontro das duas tropas, alguns policiais militares ameaçaram tocar fogo nas casas às margens da rodovia, que serviam de refúgio do tiroteio para os "sem-terra", bem como disparavam suas armas contra as mesmas, colocando em pânico as pessoas que nelas se encontravam, muitas das quais já se encontravam lesionadas.

Em uma dessas casas, refugiou-se a repórter MARISA ROMÃO (TV Liberal) e o cinegrafista OSVALDO ARAÚJO (do SBT), juntamente com vários integrantes do MST, tendo os policiais militares continuado o tiroteio contra a residência, até a interferência da repórter que gritava desesperadamente para que parassem de atirar, pois na casa havia apenas mulheres e crianças [...]. Após a saída da repórter e do cinegrafista, (a fita foi apreendida) os policiais ordenaram aos "sem-terra" que de lá se retirassem e deitassem no chão com as mãos na cabeça. Consta dos autos, que no interior do barraco, os policiais identificados como PARGAS, PINHO E VANDERLAN prenderam o indivíduo OZIEL ALVES PEREIRA, algemando-o e arrastando-o pelos cabelos para ser mais tarde, executado com diversos tiros na cabeça.

Após a prisão de OZIEL, os policiais militares, ameaçando as pessoas que se encontravam deitadas no chão com as mãos na cabeça, ordenaram que não olhassem para eles impossibilitando, destarte, qualquer identificação futura. Posteriormente, mandaram que os "sem-terra" levantassem, dando-lhes três minutos para que desaparecessem em direção do mato senão os matariam, provocando nova e desesperada correria por parte dos "sem-terra" que amedrontados, embrenharam-se no mato.

Obtendo o total controle da área interditada, os policiais militares passaram a saquear o acampamento dos "sem-terra", destruindo vários objetos e documentos pertencentes aos integrantes do MST. Em seguida, sob as ordens do Cel. Pantoja, removeram os corpos das vítimas fatais, arrastando-as para as margens da rodovia, desobstruindo-a para os veículos. Os corpos posteriormente foram colocados em uma camioneta D-20, cor vinho, pertencente a 10° CIPM, tendo nesse momento um policial militar, ao perceber que um dos corpos apresentava sinais de vida, disparou vários tiros contra os mesmos. [26]

No conflito ocorrido em Eldorado dos Carajás, além dos 19 camponeses mortos, 77 foram feridos, sendo 66 civis e 11 policiais militares. As mortes dos camponeses não resultaram apenas do confronto em si. Segundo a perícia técnica inicial, ocorreu uma desmedida execução sumária revelada por tiros de precisão, à queima roupa, por corpos retalhados a golpes de instrumentos cortantes (foices e facões dos próprios sem-terra) com esmagamentos de crânios e mutilações.[27]

Seis anos após o massacre de Eldorado dos Carajás, em maio de 2002 aconteceu o julgamento. O MST, por não acreditar na seriedade do processo e levantar dúvidas quanto a irregularidades deste,[28] não participou do julgamento.

Depois de anos de impunidade, dos 142 policiais indiciados, ocorreram apenas duas condenações, em primeira instância. O julgamento do massacre de camponeses em Eldorado dos Carajás foi o maior da história do Brasil, totalizando 120 horas, com 30 volumes de mais de 10 mil páginas. Mais uma vez os camponeses foram massacrados. A Anistia Internacional interpretou as duas condenações como "um gesto simbólico, dada a inabilidade da investigação policial e do processo judicial em identificar individualmente os responsáveis criminais pelas mortes a tiros e golpes de facão de 19 ativistas rurais".[29]

Esses dois episódios de extrema violência no campo ficarão marcados na memória, como referência de luta e resistência camponesa. Assim como o governo de Fernando Henrique Cardoso também ficará marcado como o governo responsável pelo massacre mais violento do final do século XX.

Em 1995, segundo dados do Incra, o governo assentou 49.184 famílias, chegando a um total de 2.284.76 hectares (sendo 10.864 famílias na região Norte, 22.608 no Nordeste, 2.016 no Sul e 12.458 no Centro-Oeste), como mostra a Tabela 11. Os números indicam, ou pelo menos tentam sinalizar, que a reforma agrária finalmente sairia das palavras e dos documentos, uma vez que o governo tinha planejado para 1995 o assentamento de quarenta mil famílias.

O que tem causado intriga com relação à reforma agrária deste período é fato de o governo FHC muitas vezes ostentar e divulgar números de assentamentos que de fato não são verdadeiros. Considera regularização fundiária, colonização, reassentamento de populações ribeirinhas como a realização de projetos de reforma agrária. Vale-se de uma espécie da "matemágica", que deve ser mais bem investigada e denunciada.

O Incra, por exemplo, divulgou que, de acordo com a Constituição de 1988, estaria reconhecendo e entregando o título de propriedade às comunidades quilombolas. Lícito, são comunidades que há décadas vivem na mesma terra ou região, plantando, resistindo e reproduzindo todo um modo de vida específico, cunhando uma parcela do território de acordo com sua cultura. O órgão federal cita o caso da primeira comunidade quilombola a ser beneficiada com o título de propriedade, a comunidade Boa Vista, município de Oriximiná, no Pará, em 1995, com uma área de 1.125 hectares. O estranhamento ocorre com a repetição dos mesmos dados na listagem de Projetos de Reforma Agrária, agora como uma política de assentamento rural. Ações de reconhecimento das comunidades (ou seria de reforma agrária?), com a entrega de títulos de propriedades, foram entregues a mais 22 comunidades, sendo 21 no Pará e uma na Bahia.

Afinal, as famílias têm o título (pelo direito conquistado) de propriedade ou a permissão de uso como rege o regulamento de parte dos projetos de

Tabela 11
Brasil: assentamentos de reforma agrária
Governo Fernando Henrique Cardoso – 1995/1998

Região/UF	Nº de assentamentos	Nº de famílias
Amazônia	832	169.551
AC	34	7.276
AM	07	1.571
AP	18	5.621
MA	236	37.644
MT	170	34.451
PA	196	53.665
RO	43	11.083
RR	24	8.261
TO	104	9.979
Nordeste	834	66.286
AL	27	2.541
BA	185	17.414
CE	195	13.420
PB	95	6.269
PE	96	6.786
PI	88	8.576
RN	106	8.506
SE	42	2.774
Centro–Sudeste	394	28.245
ES	21	1.661
GO	115	8.466
MG	113	6.541
MS	47	6.654
RJ	7	1.290
SP	91	3.633
Sul	212	12.308
PR	101	7.022
RS	73	3.477
SC	38	1.809
BRASIL	2.272	276.390

Fonte: Incra, 2001.
Org.: FELICIANO, C. A., 2001.

assentamentos? Que tipo de política o governo assumiu? Outras comunidades, também regularizadas, constaram como projetos de assentamentos de reforma agrária? Qual seria o número real de regularização de posse e de assentamentos? Que tipo de reforma agrária estaria acontecendo? Quem, de que maneira e onde estão os beneficiados?

A política de assentamentos rurais no segundo mandato do governo FHC (1999-2002), como mostra a Tabela 12, ficou concentrada na região da Amazônia, onde foram instaladas 56.566 famílias em cerca de 451 projetos de reforma agrária. A segunda região envolvida pelo governo federal por meio de políticas de assentamento foi o Nordeste, apresentando 24.395 famílias beneficiárias de projetos governamentais. Comparando as ações do governo Fernando Henrique Cardoso em seus dois mandatos pelas Tabelas 11 e 12, podemos observar que os

Tabela 12
Brasil: assentamentos de reforma agrária
Governo Fernando Henrique Cardoso – 1999/2001

Região/UF	Nº de assentamentos	Nº de famílias
Amazônia	451	56.566
AC	7	745
AM	6	1.373
AP	5	906
MA	145	14.031
MT	78	14.323
PA	130	15.234
RO	34	6.497
RR	2	446
TO	44	3.011
Nordeste	554	24.395
AL	13	1.307
BA	78	5.132
CE	226	4.465
PB	35	2.444
PE	63	3.381
PI	35	2.990
RN	78	4.129
SE	26	1.247
Centro –Sudeste	231	16.206
ES	6	382
GO	61	4.482
MG	73	3.979
MS	27	3.281
RJ	5	385
SP	59	3.697
Sul	339	5.892
PR	82	3.121
RS	45	1.660
SC	212	1.111
BRASIL	1.575	103.059

Fonte: Incra, 2001.
Org.: FELICIANO, C. A., 2002. Obs: os dados foram computados até 27 de julho de 2001.

estados de Mato Grosso, Pará e Maranhão tiveram um número superior a cinco mil famílias fixadas a cada ano. Em compensação, em alguns estados não foi assentada nenhuma família em projetos de assentamento rural, como é o caso de São Paulo (1996), Amazonas (1995 e 1997), Espírito Santo (1995), Rio de Janeiro (1995) e Roraima (2000).

Cabe aqui ressaltar que, junto com os dados de número de assentamento rurais, estão também outros tipos de projetos, como o Projeto Cédula da Terra (PCT), o Projeto Casulo (PC), os Projetos Agro-Extrativistas (PAE) e Projeto Especial de Quilombolas (PEQ).

É por esse panorama que se configura e se contextualiza, sob nossa ótica, a discussão sobre a reforma agrária no país. Sendo conquistada aos poucos, pelas bordas, com muito sacrifício e perdas por parte dos camponeses e camponesas que compõem e fazem questão de se mostrar como uma classe social de extrema importância para o desenvolvimento econômico, social, político e cultural do país.

Tentativa de despolitização da luta camponesa

A partir da presidência de Fernando Henrique Cardoso, iniciou-se uma luta política de tentativa de supressão do movimento camponês (em especial o MST), objetivando dirimir ao máximo sua força como classe presente na sociedade capitalista. O caminho estrategicamente adotado pelo governo federal transitou pelo processo de despolitização da luta camponesa. Esse processo foi criado a partir de três espaços: legal, institucional e imaginativo.

O *espaço legal* cria, transita e vincula-se a toda forma de punição, extinção e repressão das ações adotadas pelo movimento camponês que venham a infringir ou transgredir aquilo que está fundamentado nos ditames da lei. Esse espaço ocorre com a própria confusão e diversidade interpretativa que a Constituição Federal apresenta, na implantação e formulação de leis complementares, medidas provisórias, regulamentos etc. Os seus agentes centrais de manutenção são sustentados por uma estrutura de poder que, em momentos determinados, apresenta-se local, regional e nacionalmente, e que envolve juízes, delegados, promotores, advogados, técnicos preocupados na manutenção da "*ordem estabelecida*".

O *espaço institucional* cria mecanismos de sustentação política, científica e ideológica para, de um lado, afirmar e apresentar as propostas e entendimento do governo no tocante ao desenvolvimento do capitalismo na agricultura brasileira e, de outro, apresentar o atraso das relações baseadas na reivindicação dos movimentos camponeses em lutar pela democratização do acesso à terra e denunciar a viciosa estrutura agrária brasileira. As instituições internacionais como Fundo Monetário Internacional (FMI), Banco Interamericano de Desenvolvimento (BID), Organização das Nações Unidas para Agricultura e Alimentação (FAO) são os principais agentes que estabelecem e determinam orientações, sobretudo econômicas, para o desenvolvimento dos países que "forçosamente" estão presos à dívidas e empréstimos com os referidos órgãos.

Para garantir a implantação de medidas impositivas, estudiosos que também acreditam nessa via de desenvolvimento elaboraram, com recursos principalmente do governo federal, pesquisas científicas a fim de garantir e sustentar a aplicabilidade e viabilidade técnica de tais medidas. Essas ações são materializadas em projetos como, por exemplo, Banco da Terra, Novo Mundo Rural, Rururbano, Casulo etc.

Para fechar o ciclo desse processo, o governo federal apóia, utiliza-se e constrói com todo engajamento o *espaço imaginativo*. O entendimento sobre imaginativo passa pela construção, uso e divulgação de informações que muitas vezes são manipuladas para se chegar a uma idéia de mundo rural ideal. É pelo espaço imaginativo que as ações do espaço legal e institucional ganham vitalidade e visibilidade. É por ele que se difundia a idéia de que bastava preencher um cadastro e esperar para ser assentado ou então formar uma associação e comprar a terra do proprietário latifundiário "comprometido" com a reforma agrária. O uso governamental dos meios de comunicações é o principal veículo de formação desse espaço imaginativo.

Porém, esse mesmo espaço serve para garantir a construção de imagens e vinculações depreciativas do movimento camponês, como o atraso do mundo rural, a violência, a desordem, suas irregularidades e fragilidades internas etc.

Os espaços de despolitização da luta camponesa em geral ocorrem de modo simultâneo, mas aparentemente não sintonizam uma ação conjunta. É como se os "fatos" fossem construídos por si mesmos e não por pessoas e instituições com finalidade política bem delineada.

A seguir procuramos avançar sobre cada um desses espaços de despolitização da luta camponesa.

Espaço legal:
o poder de quem cria e de quem manda cumprir as leis

> O quadro passou a ser maior que a moldura. A solução deve ser procurada com aposição de outra moldura. O que não pode é cortar o quadro.[30]

A análise desse processo de despolitização da luta camponesa restringiu-se às ações governamentais no período de 1995 a 2001. Temos a impressão que sua gestação também advém de períodos anteriores.

Rito sumário

Em 1996, o governo federal, com o propósito de acelerar o processo de reforma agrária, após várias manifestações dos movimentos sociais, criou o Ministério Extraordinário da Política Fundiária e, além disso, instituiu alterações na legislação, introduzindo o rito sumário nos processos de desapropriações. Segundo o Incra (1998), "a introdução do rito sumário no processo administrativo e judicial de desapropriação de terras permitiu grande redução de tempo entre o decreto presidencial e a efetiva posse das glebas pelo Incra".

De acordo com esse órgão federal, a partir de pesquisas realizadas pela FAO, o tempo médio das principais fases de tramitação dos processos agrários diminuiu de um quinto para um terço, tomando como referência o ano de 1993. Para estes estudiosos da FAO, com a lei do rito sumário o processo de desapropriação ocorreria com a seguinte agilidade:

> Antes, entre a desapropriação e o assentamento, levava-se 467 dias. Hoje [08/01/1999] levamos apenas 131, ou seja, de 1993 até hoje houve uma redução de 72%. São 336 dias de diferença, quase um ano a menos. Pela Lei do Rito Sumário, uma vez depositada em juízo a indenização devida, o juiz federal tem prazo de 48 horas para imitir o Incra na posse do imóvel desapropriado.

Estudos como esses deveriam ser apresentados para as milhares de famílias de camponeses sem-terra que estão acampadas pelos cantos e beiras do país há 4, 5 e até 12 anos sem nenhuma definição política e jurídica da área reivindicada.

Contata-se pelas interpretações realizadas por Moraes e Fachin (1993) que existem diversos artigos dessa lei que serão objetos de contestação durante as desapropriações. Mesmo com essa medida, o "proprietário" que se sente injustiçado tem plenos diretos de entrar com recursos, e o uso adequado dos prazos com uma boa orientação jurídica pode arrastar a anos esse decreto de desapropriação. Além do fato de que o poder judiciário:

> [...] na maioria das vezes, atua claramente em favor dos proprietários e em prejuízo dos trabalhadores sem-terra. Assim é que as decisões de despejo são extremamente ágeis, enquanto que aquelas relativas à desapropriação, ou caracterização de áreas griladas, são sempre procrastinadas, demoradas, intermináveis.[31]

Assim, um ponto de ação governamental que legalmente seria favorável ao processo de reforma agrária tornou-se obsoleto devido a suas lacunas e possibilidades interpretativas.

Imposto Territorial Rural Progressivo

O Imposto Territorial Rural (ITR) já estava previsto desde o Estatuto da Terra: "seu princípio era o de empregar sobretudo a tributação progressiva através de um sistema que leva em consideração fatores que fazem variar o imposto em função de características de tamanho, localização e condições de exploração".[32]

Os objetivos da aplicação desse imposto a partir de 1964 eram: 1) estimular a racionalidade da atividade agrária; 2) desestimular a presença daqueles que não cumprem com a função social e econômica da propriedade; e 3) angariar com essa tributação recursos à União, Estados e Municípios para o financiamento de projetos de reforma agrária (veja adiante, neste capítulo, seção sobre o desenvolvimento rural).

Para o governo federal, conforme Incra (1998): "O Imposto Territorial Rural tornou-se altamente gravoso para terras improdutivas; além disso, o valor declarado pelo proprietário para o cálculo do imposto é agora base legal para a indenização em caso de desapropriação".

De 1964 até hoje percebe-se a absoluta ineficácia do ITR, principalmente com relação a subtributação e evasão fiscal. Àqueles proprietários que declaram e pagam o imposto, cabe somente estabelecer o tamanho da área aproveitável do imóvel. Isso tem permitido que muitos restrinjam esse tipo de área de seu imóvel em 70% e até mesmo 30% da área total. Essa prática revela que há uma enorme ineficácia do ITR, principalmente pela não fiscalização do Incra, em aferir as informações declaradas pelo proprietário.

Só para se ter uma idéia, em 1994 o valor pago de ITR chegou apenas a R$ 280 milhões, sendo que 60% dos proprietários estão inadimplentes, não tendo sido tomada nenhuma medida para penalizá-los. O Imposto Territorial Rural, portanto, somente terá alguma aplicabilidade se realmente existir vontade política, porque só por ela a questão agrária no Brasil já poderia estar em parte resolvida. Segundo Stédile (1997):

> Muitos especialistas em tributação dizem que em nenhum país do mundo a aplicação do Imposto sobre a propriedade rural foi capaz de alterar a estrutura de propriedade ou penalizar e induzir mudanças na produção agrícola. No caso brasileiro, como existe uma simbiose muito grande entre latifundiários e os governantes, não será possível sequer aplicar-se uma legislação mais dura em relação ao ITR.[33]

Esses mecanismos legais citados até agora só fizeram trazer benefícios aos grandes proprietários de terras. Primeiro, por lhes permitir a possibilidade de questionar a qualquer momento os processos e as etapas necessárias ao processo de desapropriação de terras e, segundo, por deixar a seu livre critério as declarações referentes à área aproveitável de seus imóveis, na arrecadação de tributos fiscais.

Quando os camponeses deixam se mostrar

Na contramão desses privilégios adquiridos historicamente pelos grandes proprietários estão as leis e ações que agora são interpretadas tecnicamente, fazendo-se prevalecer pelos princípios de ordem e justiça.

Discutiremos tal fato a partir de dois aspectos: as medidas provisórias e portarias criadas pelo governo de Fernando Henrique Cardoso e a atuação do poder judiciário na questão agrária.

A ocupação de terra é atualmente a principal estratégia do movimento camponês na luta pelo acesso à terra. Assim, os camponeses sem-terra pressionam o Estado a dar repostas imediatas para a resolução dos conflitos fundiários e implantar projetos de assentamentos rurais, como foi defendido por Fernandes (2001). Sob esse aspecto, o processo de reforma agrária está sendo construído e conquistado por esses camponeses, em especial pelo MST.

Obtendo uma leitura sobre a dinâmica dos movimentos e sua principal forma de atuação, o governo federal também estabeleceu estratégias de punição, cuja finalidade é de apenas desmobilizar e descredenciar uma luta política que vem sendo travada no campo e na cidade, como foi dito anteriormente.

Para tanto, o então ministro do Desenvolvimento Agrário, Raul Jungmann, introduziu pela Medida Provisória 2.109-49, de 27 de fevereiro de 2001, os seguintes critérios para realização de vistorias de imóveis rurais:

Art. 1º. Fica proibida a realização de vistoria e avaliação dos imóveis rurais de domínio público ou particular que venham a ser objeto de esbulho possessório ou de invasão motivada por conflito agrário e fundiário de caráter coletivo.

§ 1º Os imóveis rurais de que trata este artigo não poderão ser vistoriados e avaliados, pelo prazo de dois anos, prorrogáveis por igual período, em caso de reincidência, contado a partir da data da efetiva desocupação;

§ 2º Os processos administrativos que na data do esbulho ou da invasão estiverem em tramitação deverão ser sobrestados enquanto não cessada a ocupação;

Art. 2º. Os beneficiários assentados em projetos integrantes do Programa de Reforma Agrária que vierem, de qualquer modo, a participar de esbulho ou invasão de terras de domínio público ou privado, bem como de prédios públicos serão excluídos do programa.

Art. 3º. Os dirigentes do Instituto Nacional de Colonização e Reforma Agrária – INCRA, darão cumprimento integral à presente portaria, sendo responsabilizados civil e administrativamente por ato omissivo ou comissivo.

Com essa medida provisória ficou nítida a posição autoritária, inconstitucional e antidemocrática do governo federal ao punir aqueles que realizarem qualquer ato de contestação e reivindicação pelo acesso à terra. A partir desse momento instalou-se um embate político extremamente desigual entre governo federal e movimento camponês.

Tal punição foi estabelecida a partir da portaria do presidente do Incra, que resolveu a partir da publicação da Medida Provisória 2.109-48, as seguintes determinações:

> Art 1°. Sujeitar-se-ão à sumária exclusão e eliminação de Programa de Reforma Agrária do Governo Federal [as pessoas que forem identificadas como participantes diretos ou indiretos de invasões ou esbulhos de imóveis rurais], inclusive aqueles que estejam em fase de processos administrativos de vistoria ou avaliação para fins de reforma agrária, ou sendo objeto de processos judiciais de desapropriação em vias de imissão de posse ao Incra, bem assim [as que participarem de invasões de prédios públicos e de ações de ameaça, seqüestro ou manutenção de servidores públicos em cárcere privado ou de quaisquer outros atos de violência].
>
>> Parágrafo único – A exclusão e a eliminação sumária de Programa de Reforma Agrária de Governo Federal aplicar-se-á, inclusive aos atuais beneficiários de lotes em Projetos de Assentamento e de Colonização do Incra e [aos pretendentes inscritos e cadastrados para seleção de candidatos ao acesso à terra].

O Incra, com essa portaria, contribuiu com as punições estabelecidas pela Medida Provisória. Ampliou o leque de precedentes, como, por exemplo, participantes diretos e indiretos de "invasões", ações de ameaças ou quaisquer outros atos de violência. Quem definiu esses critérios? Como considerar quem está envolvido indiretamente? O que é uma ação de ameaça?

Diferente das informações relativas aos fazendeiros grileiros apresentadas pelo Incra em que não aparecem nomes ou qualquer tipo de identificação como local, Cadastro de Pessoa Física (CPF) etc., o órgão federal expõe publicamente uma relação com nomes e CPF de pessoas que foram excluídas do processo de reforma agrária e de projetos de assentamentos rurais por participarem de ações como manifestações em órgãos públicos, ocupações de terras etc. São pesos, medidas e tratamentos diferenciados para cada classe da sociedade brasileira.

Após a publicação dessa medida provisória, verificou-se a existência em 2002, no Brasil, de 87 imóveis rurais que já deveriam ter iniciado os laudos de vistorias sobre produtividade, mas estão suspensos por no mínimo dois anos. E mais, cerca de 28 processos de desapropriações em sobrestado até que a fazenda seja desocupada.

As perseguições e as tentativas de incriminar e punir o movimento camponês também fizeram parte da estratégia assumida, mas não reconhecida, pelo governo federal.

Segundo as organizações de trabalhadores rurais e seus apoios (CPT/DNTR/CUT/MST), de 1989 a 1994 o número de lideranças do MST que haviam sido presas chegou a 571 pessoas. Um fato que repercutiu internacionalmente aconteceu no Pontal do Paranapanema/SP, em 21 de outubro de 1995, quando o juiz do município de Pirapozinho/SP decretou a prisão preventiva de quatro lideranças do MST: José Rainha Jr., Deolinda Alves de Souza, Márcio Barreto e Laércio Barros, conforme relato:

> Motivo alegado pela justiça: "são acusados de formação de quadrilha com objetivo de invadir terras na região". Deolinda e Márcio foram presos e encarcerados no Carandiru em São Paulo, e só foram libertados no dia 16/11/95, depois de negado o pedido de liminar de habeas corpus pelo desembargador Dirceu de Mello do Tribunal da Justiça de São Paulo.[34]

Por meio dessas ações entramos no segundo aspecto da punição pelo espaço legal. O Poder Judiciário até o momento, reservando raríssimas atuações, apresenta uma orientação política (apesar de advogarem somente a neutralidade) que se aproxima dos interesses dos grandes proprietários rurais.

Fernandes (1997) denomina esse processo como "judiciarização da reforma agrária".Tal processo ocorre em três dimensões: o uso indevido da ação possessória, a realização do despejo e o não desenvolvimento do processo discriminatório necessário para compreender a razão do conflito. Afirma que: "a judiciarização da reforma agrária é explicitada na criminalização das ocupações de terra e no descaso do governo em solucionar o problema das famílias acampadas".

A participação do poder judiciário na questão agrária geralmente ganha visibilidade para a sociedade quando envolve o conflito direto pela posse da terra. A partir do momento em que um grupo de camponeses sem-terra ocupa uma fazenda, imediatamente o juiz da comarca local é acionado pelo representante do fazendeiro, no caso, um advogado. Nos autos de decisão do poder judiciário há uma relação temporal/ espacial totalmente diferenciada: de um lado, baseada na garantia do direito de manutenção da propriedade de um fazendeiro e, de outro, na solução de um direito à vida, liberdade e igualdade de, às vezes, centenas de famílias. Fundamentos que estão desigual e contraditoriamente colocados na Constituição brasileira.

As decisões judiciais majoritariamente prevalecem na manutenção do direito à propriedade e, assim, em todas as ações camponesas que lutam para modificar a estrutura agrária viciosa e vergonhosa da sociedade brasileira.

O argumento que sustenta a afirmação da neutralidade nos processos que envolvem o conflito pela terra é ilógico e falso. As leis, as normas e os regulamentos foram pensados para o bom relacionamento e convivência de uma determinada sociedade. Quando a realidade demonstra sua contradição é porque há algo que precisa ser adequado às necessidades da população. Não enxergar essa necessidade não é ser neutro, mas sim conivente com as injustiças.

Segundo M. Goulart (s.d.), promotor público, com uma visão mais ampla das relações sociais existentes:

> [...] os litígios coletivos pela posse da terra rural são trabalhados, em regra, pelos operadores do direito à luz de princípios, normas e doutrinas jurídicas historicamente superadas. A visão setecentista dessa problemática ainda prepondera, transformando os tribunais brasileiros em espaços de negação da efetividade dos direitos sociais constitucionalmente previstos.
> [...] o conflito coletivo pela posse da terra rural tem peculiaridades que não podem ser desprezadas. O tratamento processual desse tipo de causa não pode seguir rigidamente o modelo proposto pelo individualista Código de Processo Civil, projetado para compor conflitos de natureza interindividual.

O empenho em modificar a formação acadêmica, principalmente de novos juristas, magistrados, advogados e sua responsabilidade ao se deparar com uma questão social de cunho coletivo, como o conflito pela posse da terra, é mais um embate para a reestruturação do poder judiciário.

Por exemplo, com a alteração da redação do artigo 82, inciso III, do Código Processo Civil, dado pela Lei n. 9.415/96, está expressamente prevista a intervenção do Ministério Público nos processos que versam sobre conflitos fundiários.[35] Os promotores poderiam participar de todas as etapas do processo que envolve o conflito pela posse da terra, desde a análise do pedido de liminar de reintegração pelo proprietário, até a solicitação de todos os meios necessários, justos e não violentos que garantam os princípios fundamentais do direito humano, no caso de uma afirmativa em benefício ao fazendeiro.

Com as brechas e as contradições da estrutura capitalista, tentando esconder as "sujeiras embaixo do tapete", mais uma vez a classe camponesa apresenta-se pioneira no questionamento das mazelas existentes, não só na questão fundiária, mas também em um dos pilares estruturais do Brasil: o poder judiciário.

Espaço institucional

A compreensão do espaço institucional é essencial para a construção do processo de despolitização da luta camponesa. Como já mencionado, esse espaço é sustentado por um conjunto de ações político-científico-ideológicas, que passam necessariamente por uma articulação entre governo, organismos internacionais e instituições de pesquisa.

A linha de comum acordo nessa articulação é sobre o lugar da agricultura familiar no desenvolvimento do capitalismo na agricultura. Na maioria das ações e projetos do governo federal de FHC (serão analisados alguns), o uso do conceito agricultura familiar/agricultor familiar carrega consigo um universo de significados imbuídos de projeção rumo à modernidade. Essa interpretação teórica aposta no fato de que o camponês está passando por um processo de metamorfose para chegar a um agricultor familiar moderno, inserido fortemente nas relações de mercado e não dependente apenas da agricultura.

Alguns elementos sobre essa metamorfose ficaram nítidos em ações e pronunciamentos do governo, principalmente a partir do segundo mandato presidencial de Fernando Henrique Cardoso (1999-2002). Em abril de 1997, dias antes da chegada de milhares de camponeses a Brasília – participantes da marcha pela reforma agrária, que protestavam contra a impunidade no episódio do massacre de Eldorado dos Carajás –, o presidente, em nota oficial e publicada nos jornais de maior circulação no país, deixou claro quais seriam os princípios norteadores da questão agrária para o futuro.

No texto intitulado "Reforma Agrária: o compromisso de todos", o presidente da República ensaia quais seriam as diretrizes do governo para o desenvolvimento do campo brasileiro. Os sete pontos de consenso[36] em relação à reforma agrária foram estabelecidos:

- uma política de desenvolvimento rural é necessária e deve incluir a reforma agrária, assim como o fortalecimento da agricultura familiar;
- o processo de reforma agrária exige a ação articulada dos diversos órgãos e dos três níveis de governo (federal, estadual e municipal), bem como dos poderes Executivo, Legislativo e Judiciário;
- a execução da reforma agrária precisa de procedimentos burocráticos mais ágeis e eficientes e do aumento da capacidade administrativa do governo;
- a realização da efetiva reforma agrária exige a alocação e a liberação oportuna dos recursos orçamentários e financeiros, para o cumprimento das metas fixadas pelo governo;
- a legislação agrária brasileira precisa ser atualizada e os processos jurídicos acelerados;
- o desenvolvimento sustentável dos assentamentos é condição imprescindível para o sucesso da reforma agrária;
- todo esse processo exige parcerias entre os diversos atores governamentais e não governamentais.

Finalizando esse documento e contrariando alguns pontos, o governo deixou claro que o objetivo da questão agrária não deve ser necessariamente o aumento da produção agrícola, mas sim o de criar empregos produtivos e rentáveis para milhares de brasileiros que buscam seu sustento no campo [...]. A questão agrária não é, portanto, apenas econômica. Ela é, sobretudo, social e moral.

Partindo desse documento, entendeu-se que a questão agrária seria considerada pelo governo FHC uma política de compensação social, o que vale dizer que novamente retirou-se o peso político e econômico da categoria dos produtores rurais com base no trabalho familiar, ou seja, sublimou-se o entendimento da existência de uma classe social camponesa. Enquanto a compreensão da reforma agrária e do desenvolvimento da agricultura passar apenas pela necessidade de se cumprir uma demanda social, o problema agrário brasileiro dificilmente será resolvido.

De 1995 a 2001 o governo federal criou inúmeros projetos que procuravam desvincular e fragmentar as ações políticas adotadas pelo movimento camponês. O que se viu, por exemplo, enquanto os camponeses reivindicavam a reordenação da estrutura agrária brasileira por meio das desapropriações de imóveis improdutivos, o governo federal instituía o mecanismo de compra e venda de terra como uma reforma agrária moderna. Ao mesmo tempo em que os camponeses se organizavam por meio de ocupações e acampamentos, o governo federal criava o programa de acesso direto à terra, via cadastro pelas agências dos correios.

Essas ações não são apenas uma relação de causa e efeito entre movimento social e governo, mas sim um embate político na sociedade brasileira, por meio do qual as correlações de forças são desiguais e injustas, mas que nem por isso abalam o empenho do movimento camponês em lutar por condições essenciais e reais de um direito democrático.

Como pode ser visto na Tabela 13, o governo federal instituiu inúmeros projetos e ações destinados à inserção da agricultura familiar a uma realidade mais condizente com os anseios da modernidade, necessários ao atual modelo de desenvolvimento econômico. Uma análise detalhada sobre esses projetos governamentais ainda merece ser realizada de forma aprofundada. Optamos por apresentar algumas considerações sobre aqueles que obtiveram maior visibilidade e causaram polêmica.

Faremos, então, uma análise da proposta governamental de substituir a reforma agrária pelo mecanismo de compra e venda de terras, denominada pelos movimentos camponeses e pelo próprio Banco Mundial de "reforma agrária de mercado". O centro da discussão passa pelo projeto Cédula da Terra, considerado o piloto para a implantação do Banco da Terra no Brasil.

O Projeto Casulo também foi apresentado pelo governo federal como uma opção diferenciada de reforma agrária, baseada nos moldes de projetos mais amplos como, por exemplo, o Novo Mundo Rural.

Tabela 13
Projetos criados no governo Fernando Henrique Cardoso – 1995/2001

Nome do Projeto	Finalidade
Projeto Lumiar	• Trata-se de um projeto de apoio à implementação do processo de desenvolvimento sustentável. • Objetiva viabilizar os assentamentos, tornando-os unidades de produção estruturadas e inseridas de forma competitiva no processo de produção, voltadas para o mercado e integradas à dinâmica do desenvolvimento municipal e regional. • Constituir equipes de assistência técnica e capacitação para orientar o desenvolvimento sustentado dos assentamentos. • Desenvolver metodologias e estratégias de ação com foco no desenvolvimento de uma assistência técnica adequada às necessidades dos assentamentos. • Introduzir tecnologias mais adequadas para o desenvolvimento da qualidade de vida dos assentamentos, dos processos produtivos e do acesso aos mercados. • Implantar e gerir sistemas de informações técnico-econômicas com mecanismos de comunicação adequados à cultura dos assentados. • Constituir um fundo de financiamento regular para os serviços de assistência técnica, capacitação e supervisão do desenvolvimento dos assentamentos.
Projeto Casulo	• Geração de emprego e renda na periferia dos núcleos urbanos. • Aproveitamento de áreas existentes no entorno dos núcleos urbanos. • Aproveitamento da mão-de-obra disponível na periferia dos núcleos urbanos. • Necessidade de integração competitiva da agricultura familiar ao processo de abertura dos mercados. • Necessidade de contribuir para o processo de descentralização das ações do poder público, através de parcerias entre prefeituras municipais, instituições governamentais e Ongs. • Importância da gestão participativa da assistência técnica e capacitação como fatores determinantes na viabilidade socioeconômica dos projetos.
Projeto Roda Viva	• Levar ao conhecimento dos assentados o acervo nacional de tecnologia de produto e de processo voltado para a melhoria das condições de vida no meio rural; apoiá-los na escolha mais adequada às suas necessidades e capacitá-los no exercício dessas tecnologias, identificando atividades geradoras de renda a partir delas. • Promover a integração de setores e de serviços, rompendo a uniformidade e padronização das ações demasiadas setoriais ou demasiadas globais que não chegam a atingir os problemas de cada assentamento e de cada família. • Facilitar o intercâmbio e a comunicação entre os assentados e práticas bem-sucedidas que tenham um resultado em melhoria tangível das condições de vida em outras comunidades rurais, sobretudo no âmbito de experiências na própria região. • Conscientizar, mobilizar e capacitar as famílias assentadas para novas práticas de relacionamento com o meio ambiente, desenvolvendo e aplicando planos e projetos populares que visem transformar o assentamento num hábitat ecológico. • Apoiar os assentados na criação de condições apropriadas às práticas esportivas e de lazer. • Criar condições para a expressão cultural entre os assentados, na busca de aprofundar sua própria identidade cultural.
Ouvidoria Agrária Nacional	• Criada em março de 1999, com o objetivo de prevenir e diminuir os conflitos agrários.
Pronera (Programa Nacional de Educação na Reforma Agrária)	• Fortalecer a educação nos assentamentos de reforma agrária, utilizando metodologias específicas para o campo. • O sistema treina monitores nos assentamentos – por intermédio de universidades e outras instituições de ensino superior – para ministrarem alfabetização e escolarização de jovens e adultos assentados.
Conselho Nacional de Desenvolvimento Rural	• Criado em 06/10/1999, tem a finalidade articular, organizar e adequar políticas públicas para a reforma agrária e a agricultura familiar. • Deliberar sobre o Plano Nacional de Desenvolvimento Rural Sustentável (pndrs), elaborado com base nos fundamentos dos Programas Nacional de Reforma Agrária, de Fortalecimento da Agricultura Familiar e do Banco da Terra. • É papel do cndrs, também, aprovar anualmente o Plano de Safra da Agricultura Familiar. • Orientar os Conselhos Estaduais e Municipais de Desenvolvimento Rural Sustentável no seu âmbito de atuação e que sejam pelo cndrs reconhecidos.
Programa de Acesso Direto à Terra	• Direto à Terra baseia-se na inscrição via cadastro pelo correio do interessado em obter um lote de reforma agrária.
Programa de atendimento ao cidadão "Pode Contar"	• Facilitar o acesso do público aos serviços prestados pelo Ministério do Desenvolvimento Agrário/Incra. • Faz parte do programa atendimento ao cidadão, criado para garantir a modernização estrutural de serviços públicos.
Sala do Cidadão	• Salas instaladas nas superintendências regionais do Incra para fornecer informações e prestar serviços rápidos.
Cartilha do Cidadão	• Uso pela internet para tirar dúvidas quanto aos projetos do governo federal.

Fonte: Incra (anos de 1999 e 2001)

Org.: Feliciano, C. A., 2001.

O Conselho Nacional de Desenvolvimento Rural Sustentável, criado em 1999, foi estrategicamente pensado para se implantar todos os outros projetos, pois tem fundamento na articulação e descentralização entre as esferas municipais, estaduais e federais. Portanto, entendemos necessário iniciar uma discussão sobre seus alicerces e propostas.

Cabe ressaltar a afinidade e sustentação desses projetos, que implicam a realização de pesquisas, muitas vezes custeadas pelo próprio governo, com a finalidade mostrar sua eficácia, por meio do levantamento e das interpretações de "cunho científico".

Projeto Cédula da Terra – Banco da Terra

O Projeto Cédula da Terra, também denominado pelos movimentos camponeses como um programa de "reforma agrária de mercado", foi estabelecido a partir de um acordo entre o Governo Federal e o Banco Mundial, em 1997. O programa contou com R$ 150 milhões, dos quais R$ 90 milhões provindos do Banco Mundial. Esse projeto consiste em financiar a compra de terras diretamente a pequenos proprietários, com áreas de tamanho inferior ao módulo familiar, e a trabalhadores assalariados, meeiros ou parceiros.

O embrião do Cédula da Terra partiu do Projeto São José, sobre a reforma agrária solidária, implantado pelo governo do Ceará, que serviu de estado piloto para experimentação e para posterior implantação em outros estados brasileiros.

Foram implantados projetos-pilotos nos estados do Ceará, Bahia, Minas Gerais, Maranhão e Pernambuco. Segundo o Incra, suas bases e condições para o acesso à terra são as seguintes:

- os trabalhadores devem se organizar em associações e indicar uma área para ser adquirida;
- os agricultores que se utilizam desse projeto não terão direito aos recursos do Procera [que já não existe mais] e nem do crédito Fomento e Alimentação e Habitação do Incra;
- o financiamento da compra da terra tem o prazo de liquidação fixado em 10 anos, incluindo 3 anos de carência, com a dívida sendo corrigida pela Taxa de Juros a Longo Prazo (TJLP).

Em trabalho realizado por pesquisadores da Universidade Estadual de Campinas (NEA-IE/Unicamp), em conjunto com o Conselho Nacional de Desenvolvimento Rural Sustentável (CNDRS) e o Núcleo de Estudos Agrários e de Desenvolvimento Rural (Nead):

O Cédula da Terra tem como meta transferir mais de 800.000 ha para 15.000 famílias de sem-terras nos próximo 3 anos. Para isto foram disponibilizados recursos dos governos estaduais de R$ 10 milhões para construir o Fundo de Terras. O Banco Mundial está colocando à disposição do projeto o equivalente a R$ 90 milhões que serão utilizados para implantação de assentamentos.[37]

O Banco de Terra, ou Fundo de Terras e da Reforma Agrária, sucedeu e ampliou o Projeto Cédula da Terra pelo Brasil. Criado pela Lei Complementar n. 93, de 4 de fevereiro de 1998, "tem a finalidade de financiar programas de reordenação fundiária e de assentamento rural".[38]

Antes mesmo de entrar na discussão sobre os entraves desse projeto e sua aplicabilidade no Brasil, há uma questão que precede todos os argumentos: o sentido da terra como mercadoria e sua irracionalidade no processo de produção capitalista.

Essa irracionalidade apresenta-se, primeiro, pelo fato de a terra (natural) não ser produto das ações e do trabalho humano e, portanto, não pode ser considerada capital. Segundo, por ser julgada reserva de valor, acaba se transformando em uma renda capitalizada sem mesmo ter necessidade de produzir. É por essa ótica que se pode entender a permanência dos grandes latifúndios improdutivos no Brasil e a enorme dificuldade de avançar os projetos do modelo de reforma agrária.

> [...] a terra não gera lucro, como faz o capital, mas sim renda. Sob o modo capitalista de produção o preço da terra é, portanto renda capitalizada e não capital [...] e que, portanto a terra no Brasil, adquiriu o caráter de reserva de valor, ou seja, a terra é apropriada apenas com fins especulativos e não para produzir.[39]

Há pesquisadores que estudam mecanismos de intervenção estatal no mercado de terras. Estudos de economistas como de Reydon (1998), Plata (2000) e Jaramillo (1998) indicam o mecanismo de compra e venda de terras com a finalidade de acelerar a distribuição de terras ao mesmo tempo em que reduz o preço da terra.

A tese é que o problema fundiário no Brasil advém de sua apropriação concentrada e sua utilização como garantia e ampliação de riquezas. Uma informação interessante recai sobre os diferentes segmentos da sociedade interessados, que demandam terras com essa finalidade.[40] Para demonstrar a amplitude do problema, apresentam as dificuldades encontradas no processo de desapropriação, estabelecidos a partir da Constituição de 1988, tornando o processo mais longo e inviável.

Partindo desses princípios, estabelecem uma defesa da intervenção estatal no mercado de terras. Segundo Reydon e Plata,[41] os principais argumentos que sustentariam essa substituição da desapropriação de terras pela compra e venda são os seguintes:

- maior grau de liberdade dos favorecidos ao permitir-lhes escolher a terra que desejam e negociar seu preço;
- evitar ampliar o confronto com os grandes proprietários de terras;
- a pressão nacional pela terra (Movimento dos Trabalhadores Rurais Sem-Terra);
- a aquisição da terra via compra garante a eficiência. Dado que a terra passa a ser de sua propriedade o beneficiado se preocupa por trabalhá-la adequadamente e investirá nela.
- Oferece maiores garantias para os proprietários na medida que as operações de compra/venda serão realizadas ao preço de mercado e avaliadas pela instituição que sustenta economicamente a demanda;
- a supressão da intervenção da agência estatal no processo de seleção e negociação das terras eliminando a burocracia;
- a redução dos custos administrativos que permite a transferência de funções das agências governamentais ao setor privado, especialmente nas áreas de preparação de projetos e assistência técnica aos beneficiários.

No Brasil, as principais instituições envolvidas em programas de descentralização de crédito fundiário com o objetivo de assentar camponeses são: Incra e BNDES. Internacionalmente: o BID e o Banco Mundial. Essas vias de desenvolvimento sustentadas por organismos estrangeiros também estão sendo implantadas por outros países, como Guatemala (Penny Foundation), El Salvador, Costa Rica, Equador (Fundo Populorum Progressio), Chile e Honduras (Jamarillo, 1998).

É visível nesse projeto que o governo federal pretendia substituir a realização da reforma agrária pelo mecanismo do mercado de terras. A desapropriação de terras como medida punitiva ao latifúndio e às propriedades improdutivas acabaria sendo abandonada.

Outro ponto a ser destacado é que, ao retirar os créditos, esses recém-proprietários endividados acabam por abandonar as terras devido à falta de apoio e infraestrutura, uma vez que os juros desse financiamento estavam em média a 11,68% ano.

Outras questões também devem ser incorporadas a esse debate sobre a implantação do Projeto Cédula da Terra/Banco da Terra como alternativa à desapropriação de terras. O Fórum Nacional pela Reforma Agrária e Justiça no Campo[42] apontou alguns problemas:

> [...] ao substituir a desapropriação, o Cédula da Terra via Banco da Terra premia os donos de terra que, ao invés de receberem Títulos da Dívida Agrária a serem liquidados em até 20 anos, recebem em dinheiro à vista pelas terras vendidas. A grande propriedade improdutiva transforma-se em verdadeiros ativos financeiros;

- com a ampliação do programa pelo território nacional através do Banco da Terra, haverá o aumento substancial dos preços da terra, isto acontecerá não apenas por conta dos efeitos lógicos do mercado, mas porque, certamente, os latifundiários se organizarão em verdadeiros cartéis para, através de especulação, aumentar o preço desse meio de produção em cada município;
- além de serem obrigados a pagar o financiamento da compra da terra, com custos totalmente proibitivos para os sem-terra e minifundistas, terão ainda que buscar financiamento para a produção;
- através de mecanismos já incluídos na legislação do Banco da Terra, que dará continuidade ao Cédula da Terra, os grandes proprietários, além de venderem a terra, vão formar associações de produtores que terão acesso ao programa. Ou seja, o programa vai alimentar a formação de currais eleitorais pelas oligarquias rurais do país e, assim, alimentando a submissão política dos excluídos e os grilhões do atraso da sociedade brasileira. Neste sentido, afora as críticas anteriores com essa característica, o Cédula da Terra/Banco da Terra, contrariando os argumentos colocados pelo Banco Mundial, qualificando-os como uma ação de combate à pobreza no meio rural, vem na verdade, agravar esse quadro.[43]

Políticas como a do Banco da Terra, além de mostrarem todas as contradições e problemas existentes de ordem técnica, política e econômica, também evidenciam resistências para sua implantação em alguns estados, como em São Paulo, onde Andrade conclui da seguinte maneira:

> Para que se possa sustentar uma proposta de Banco da Terra, sem o receio de condenar à inadimplência as famílias que a ele recorram, algumas alterações imediatas são necessárias: a utilização da equivalência-produto plena para o financiamento; rebate também no principal, como permite a lei; público diferenciado daquele da reforma agrária, com capacitação inicial mínima; garantia de crédito para investimento e custeio associado ao projeto de exploração proposto; negociação com parâmetros de preço e tamanho da terra; exigência de vida ativa mínima do grupo candidato ao crédito e, de toda forma, não utilização do débito solidário... Enfim, é quase preciso reescrever a proposta. Portanto, não, o Banco da Terra tal como está, não poderá dar certo.[44]

Além das questões polêmicas levantadas sobre essa política de substituição da reforma agrária, cabe apresentar alguns estudos realizados sobre o desenvolvimento dos projetos já implantados no Brasil. Como o número de trabalhos ainda é recente, ressalva-se sua especificidade. Navarro (1999) escreveu um parecer em solicitação da representação brasileira do Banco Mundial, apresentando suas opiniões sobre o projeto-piloto Cédula da Terra nos estados do Ceará, Pernambuco e Bahia.

Os principais pontos sobre os problemas do Projeto Cédula da Terra (PCT) estavam centrados basicamente na "forma de acesso ao PCT através de associações, as condições de pagamentos, a divisão da área adquirida, investimentos diversos e a formatação técnica dos projetos."

O acesso à terra como o procedimento deve ser realizado por meio de associações. Os problemas que podem advir desse ponto inicial são a forma como são estruturadas e quais suas finalidades. Em entrevistas realizadas, Navarro (1999) percebeu que "as associações não representam os interesses dos associados que a ela se integram", elas têm sua finalidade apenas como instrumento para adquirir a terra.

As condições de pagamento estabelecidas nos contratos também demonstraram atenção com relação ao desenvolvimento do projeto. O parecer do pesquisador evidenciou que a maioria das famílias entrevistadas não apresentava preocupações maiores sobre os prazos de pagamento, juros e carências. Reydon (1999) interpreta esse tipo de ação dos camponeses como problema ético e econômico do projeto:

> [...] do ponto de vista ético, o principal problema é que os beneficiários de reforma agrária não pagam, e não há qualquer indício no curto prazo, de que pagarão pela terra obtida [...] do ponto de vista econômico o problema consiste em saber se os novos proprietários têm condições de honrar a dívida adquirida, apenas com taxas de juros subsidiadas.

Outro aspecto que gera discussão tanto em relação aos assentamentos realizados via desapropriação quanto os agora realizados via mercado diz respeito à forma de divisão e utilização da área adquirida. Em trabalhos como o de Simonetti (2000), ao estudar os camponeses do assentamento rural em Promissão/SP, ficou clara a autonomia desejada pelo camponês em fazer escolhas para viver em sociedade, de acordo com seus valores e visão de mundo. Foi principalmente por isso que as relações de trabalho baseadas na forma de cooperativa acabaram suprimidas. Essa preocupação também deve ser transferida para o Projeto Cédula da Terra.

Na pesquisa realizada por Navarro, outros dois problemas aparecem, em nosso entendimento, de forma conjunta: os investimentos diversos e a formatação técnica dos projetos. A preocupação das famílias e dos envolvidos no projeto remete-se à tentativa de descobrir quais tipos de financiamento têm direito e se há uma orientação técnica sobre onde e como investir, uma vez que há a interpretação de que são recursos do governo, mas no final quem paga a conta são os próprios camponeses.

Poderíamos ampliar essa discussão em vários ângulos, porém sua finalidade é demonstrar uma ação que não é almejada pela maioria dos camponeses, como argumentam o governo federal e alguns estudiosos. É sim, uma estratégia política de tentar desmobilizar as ações do movimento camponês por meio da racionalidade e praticidade em transformar a terra em mercadoria. Nega-se, assim, o Estatuto da Terra e a Constituição de 1998.

Projeto Casulo

Analisando a política agrária do governo de Fernando Henrique Cardoso, verifica-se que ela faz parte de uma "nova" concepção do mundo rural, apresentada no documento "O novo mundo rural – projeto de reformulação da reforma agrária em discussão pelo governo". O documento oficial foi elaborado por alguns pesquisadores reconhecidos no que diz respeito às discussões sobre o desenvolvimento da agricultura e pretendeu, de fato, mascarar o problema agrário e sufocar as ações dos movimentos sociais.

Em momento algum no documento foi levantada a questão dos movimentos sociais e sua importância nesse processo, uma vez que foram esses os agentes que sempre levaram à tona, agora mais evidente, o debate sobre a reforma agrária no Brasil.

O documento buscava apresentar um entendimento do campo como se não houvessem contradições, influências políticas e ideológicas. Fazendo uma leitura, o texto nos indica que é preciso vislumbrar o campo de uma outra forma, como se tudo já estivesse resolvido, faltando apenas alguns retoques. Há uma passagem que pode tornar nítida essa impressão:

> Na prática, a proposta defende a revalorização do mundo rural firmando-se numa nova concepção do desenvolvimento sócio-econômico, formulada mais num quadro territorial do que setorial. O rural não se confunde com o agrícola e a perspectiva setorial deve ser substituída pela perspectiva territorial, tendo como elemento central as potencialidades específicas de cada local, valorizadas pela dinâmica da globalização.
>
> Nesse contexto, o meio rural deve ser percebido (e valorizado) em quatro dimensões centrais:
>
> - A do espaço produtivo, dominantemente agrícola e agro-industrial, mas com crescentes opções de múltiplas atividades;
> - A do espaço de residência, tanto para os agricultores como para trabalhadores urbanos que optam por um padrão de moradia diferenciado no cotidiano ou nos fins de semana;
> - A do espaço de serviços, inclusive de lazer, turismo, etc.;
> - A do espaço patrimonial, como base de estabilidade das condições de subsistência, valorizado pela preservação dos recursos naturais e culturais.[45]

Devido a todos os problemas e discordâncias quanto a esse projeto/ concepção de ver o novo rural, nota-se uma distância enorme entre teoria e prática. Na prática, o número de famílias (camponesas ou não) reivindicando o acesso à terra há anos acampados em barracos de lona preta nos chama para realidade, demonstrando que os processos no poder judiciário continuam lentos quando lhes são convenientes; que a violência é uma companheira inesperada e imprevisível e que a burocratização dos órgãos federais (e muitos órgãos estaduais) continua a mesma.

Casando-se com essa estratégia de pensar o novo mundo rural de uma forma descentralizada, foi criado em 1997 o Projeto Casulo. De acordo com informações do Incra, esse projeto é uma modalidade diferenciada de reforma agrária, pois proporciona geração de emprego e renda na periferia dos núcleos urbanos. O desenvolvimento do projeto consiste na parceria entre município e governo federal.

O projeto, segundo o Incra (2000), possui as seguintes finalidades:

- o aproveitamento das áreas existentes no entorno dos núcleos urbanos;
- o aproveitamento da mão-de-obra disponível na periferia dos núcleos urbanos;
- a possibilidade de geração de emprego e renda;
- a necessidade da integração competitiva da agricultura familiar ao processo de abertura de mercados;
- a necessidade de contribuir para o processo de descentralização das ações do poder público, através de parcerias entre prefeituras, instituições governamentais e não-governamentais;
- a importância da gestão participativa da assistência técnica e capacitação como fatores determinantes na viabilidade socioeconômica dos projetos.

Como pode ser observado no Mapa 01, os projetos com essa finalidade estão distribuídos principalmente no estado do Maranhão, Mato Grosso, Pará e Alagoas. Não tivemos a oportunidade de conhecer nenhum deles ou literatura mais específica sobre essas experiências; portanto, deixamos claro que as análises estão baseadas em documentos elaborados pelo próprio Incra.

A estratégia desse projeto está baseada em uma iniciativa de descentralizar as ações do Incra por meio de convênios e parcerias. Para sua implantação é necessário primeiro existir uma demanda no local e uma área específica, sendo as incumbências principais atribuídas aos municípios. Nesse caso, o Incra disponibilizaria os recursos orçamentários e financeiros para a concessão do crédito de implantação. Aos beneficiários caberia participar da elaboração do projeto, estabelecer formas de ação comunitária na produção e comercialização, assim como participar dos planos de assistência técnica.

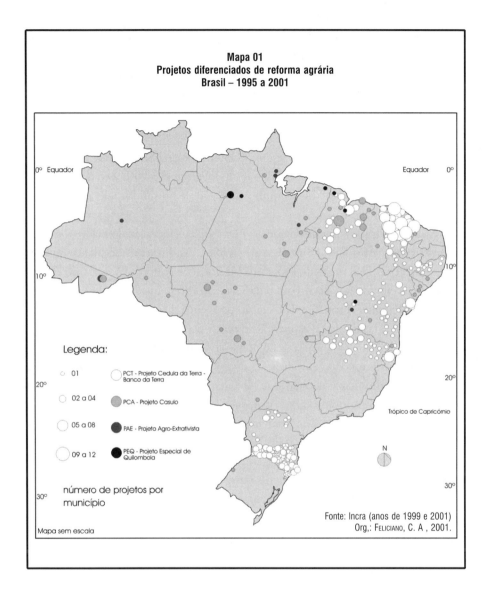

O governo expande uma visão de projeto perfeito para as pessoas mais carentes que vivem nas periferias dos centros urbanos, sem contextualizar que nessas periferias também há uma disputa por terra, mas de caráter urbano. É preciso saber identificar as reais necessidades da população em vez de vender uma idéia ainda sem muitos fundamentos.

O propósito não é desmerecer as alternativas para a solução de uma parcela da população desprovida de recursos e estruturas básicas de sobrevivência. Há uma demanda considerável de pessoas que possuem esse perfil e que reivindicam projetos com essa finalidade? Tem-se a impressão de que existe uma necessidade de forçar uma atividade e formar um setor que justifique a existência de um produtor moderno, plural e não dependente do trabalho essencialmente rural.

O Conselho Nacional de Desenvolvimento Rural Sustentável

O Conselho Nacional de Desenvolvimento Rural Sustentável (CNDRS) foi criado por Fernando Henrique Cardoso pelo Decreto n. 3.200/99 e reformulado pelo Decreto n. 3.508, de 14 de junho de 2000. É presidido pelo ministro do desenvolvimento agrário.

Esse conselho tem por finalidade deliberar sobre elaboração do Plano Nacional de Desenvolvimento Rural Sustentável – PNDRS. As diretrizes do plano deverão conter os objetivos e as metas do Programa Nacional de Reforma Agrária, do Fundo de Terras e Reforma Agrária – Banco da Terra, do Programa de Fortalecimento da Agricultura Familiar (Pronaf) e da Geração de Renda do Setor Rural.

As estratégias de descentralização e ações do governo federal com relação à agricultura *deveriam* passar pelas mãos desse conselho. Por sua estrutura, entende-se que há mesmo uma descentralização até mesmo em suas instâncias de decisão, com conselhos municipais e estaduais. No entanto, as discussões sobre esse assunto ainda estão bastante incipientes e notadamente sem a participação de grande parte dos movimentos sociais. São idéias que procuram ainda apoio e sustentação política para sua concretização.

Foi justamente nesse ponto estratégico sobre desenvolvimento rural[46] que o governo federal criou o órgão de pesquisa Núcleo de Estudos Agrários e Desenvolvimento Rural (Nead), vinculado a esse conselho, que tem a finalidade de prestar assistência direta e imediata ao Ministério de Desenvolvimento Agrário, com as seguintes atribuições:

> I – promover e coordenar estudos sobre a reforma agrária e a agricultura familiar, na perspectiva do desenvolvimento sustentável, especialmente em relação ao impacto sócio-econômico e ao bem estar das famílias assentadas e de produtores familiares, difundindo informações, experiências e projetos;
> II – acompanhar e promover avaliações técnicas, quando solicitadas, sobre os programas de reforma agrária e agricultura familiar, inclusive decorrentes de acordos de cooperação técnica nacional e internacional, articulando-se com a Secretaria Executiva do Ministério de Desenvolvimento Agrário, com o CNDRS e com o Conselho Curador do Banco da Terra e;
> III – outras atribuições que lhe forem cometidas pelo Ministério de Estado do Desenvolvimento Agrário.[47]

Fica evidente o vínculo e as relações estreitas entre esse núcleo de pesquisa científica e o governo federal. Evidente também são as linhas de pesquisas mais desenvolvidas e financiadas por esses pesquisadores: as experiências do Banco da Terra, a nova concepção de mundo rural, a intervenção estatal no mercado de terras, um balanço sobre a agricultura familiar no Brasil etc.

É por esses espaços institucionais, de caráter científico, político e ideológico que se desenvolveu no governo FHC o processo de despolitização da luta camponesa. Também é possível perceber que a atuação do movimento camponês, as origens mais profundas da estrutura agrária, dos conflitos no campo e a violência rural, não fazem parte da parcela de recursos destinados e reivindicados para se fazer pesquisa.

Espaço imaginativo

A elaboração do espaço imaginativo como integrante de um processo de despolitização da luta camponesa é entendida aqui como a propagação das idéias, pesquisas e ações governamentais para desarticular o alcance político que o movimento camponês, em especial o MST, começava a conquistar perante a sociedade a partir do final do primeiro mandato de FHC.

A mídia[48] é o canal pelo qual o governo federal, seja por meio de pronunciamentos oficiais, seja via matérias e propagandas pagas, transmite elementos para a formação de opinião a população brasileira. Porém, como afirma Gohn referindo-se à mídia, "trata-se de um poder que possui certas características que estão semi-ocultas, com regras próprias, podendo estabelecer articulações não visíveis, que poderá tanto democratizar a informação como escamoteá-la, ou distorcê-la".[49]

É considerável realizar uma interpretação do papel da mídia perante os temas mais estruturais da sociedade moderna. A mídia sempre foi voltada para assuntos e leitores envolvidos e localizados em área urbana. Como diz Borin,

> [...] a produção jornalística, desde o século passado, foi gestada em algum núcleo urbano, para uma população que morava nos centros administrativos do país. O jornalismo brasileiro, até o início do século XX, se expressava em poucos jornais, editados em algumas das principais cidades como Rio de Janeiro, São Paulo, Salvador, Recife e Porto Alegre. [...] a imprensa sobretudo é urbana, logo, reflete os problemas urbanos.[50]

As questões voltadas ao campo estiveram ligadas na mídia principalmente à agricultura de exportação, ao turismo, ao mundo selvagem e ecológico e às curiosidades do mundo rural etc. Dificilmente entravam em pauta questões contraditórias e conflitos existentes no modelo de desenvolvimento da agricultura, por exemplo. Portanto, o tema agrário somente começou a conquistar espaço com a própria luta dos camponeses em inovar em suas manifestações e estratégias. Mesmo assim, é sempre visto como atraso social, em contraposição à cidade como núcleo das oportunidades e modernidade.

Em entrevista realizada em 2001, Borin faz uma breve análise da cobertura realizada pela mídia desde 1985, que merece ser citada:

> [...] no governo Sarney, quando foi lançado o Plano Nacional de Reforma Agrária, a mídia foi muito hostil. Além disso, o governo tinha suas contradições e o próprio Sarney contava com pessoas que trabalhavam dentro do Palácio do Planalto contra o Plano. Dentre eles o Fernando César Mesquita, que estava ali para falar mal da proposta e denegrir a imagem de autoridades que estavam defendendo a reforma agrária. O governo Collor não fez coisa alguma. No governo Itamar e no primeiro mandato do Fernando Henrique Cardoso, a imprensa foi simpática com a questão rural. É quando surge, tanto na novela quanto no próprio noticiário, uma visão menos hostil e criminalizadora das atividades do MST. Acho que a Contag e o MST ganham um bom espaço nesse momento. O quadro se reverte no segundo mandato do governo Fernando Henrique.[51]

Acreditamos que, principalmente com a grande mobilização e repercussão encampada pelo movimento camponês em 1997, com a Marcha pela Reforma Agrária, Emprego e Justiça Social, é que surgiu uma pequena possibilidade de se mudar o enfoque das discussões sobre o campo brasileiro.

Os assuntos como conflitos rurais, latifúndios, reforma agrária voltaram a aparecer na mídia (mesmo que muitas vezes numa abordagem preconceituosa). Com a marcha de 1997, os camponeses começaram a ter legitimidade popular e atração da mídia como uma reivindicação decorrente de uma necessidade social, real, de busca de criação de condições para a fixação da população no campo, criando-se alternativas de emprego e renda e diminuindo a violência nas cidades.

Mas a partir dessa conquista dos camponeses, o governo federal começa uma campanha feroz sobre a nova política de desenvolvimento rural, em que as desapropriações de imóveis deixariam de ser o alvo principal da reforma agrária.

A partir de 1997, com a reeleição de Fernando Henrique Cardoso, inicia-se uma campanha publicitária de descredenciamento e criminalização do movimento camponês organizado. Os projetos do governo federal aparecem em uma estratégia de *marketing* elaborada minuciosamente. Observando o orçamento do Incra, entre 1995 e 1998 nota-se que não houve destinação alguma para o setor de comunicação social e, em um único ano (1998), recebeu um montante de 4,6 milhões de reais. Com relação aos recursos para elaboração de pesquisas que sustentam cientificamente seus projetos (Nead), passou de um montante de R$ 49.542,90 (1995), R$ 72.842,00 (1997) para R$ 1,9 milhões destinados a estudos e pesquisas agrárias em 1998. É nesse ponto que se firmam e se articulam o espaço legal, institucional e imaginativo.

A estratégia principal foi mostrar à população brasileira a ineficácia em "invadir" fazendas, uma vez que o governo federal apresentava um programa de Acesso Direto à Terra. Esse programa baseava-se em preencher um pré-cadastro para possíveis beneficiários em projetos de reforma agrária disponíveis em agências do correio e aguardar, em suas casas, a convocação para a entrega dos lotes rurais. Portanto não bastaria mais se organizar, formar acampamento e reivindicar, bastava aguardar em casa.

Paralelamente, começaram os projetos-pilotos da Cédula da Terra, com o intuito de acelerar a entrada das famílias em projetos de assentamento, revelando a ineficácia e burocracia dos processos de desapropriações. O mecanismo de compra e venda de terras aparece como símbolo da modernidade, em conjunto com o novo padrão de desenvolvimento rural.

Com essa massiva intensificação de informações e de projetos governamentais pela mídia, o movimento camponês novamente começa a ser execrado por suas ações, consideradas arcaicas, desnecessárias e propulsoras da violência. É justamente nesse período que as denúncias de corrupção, de autoritarismo, desvio de verbas, entre outras recomeçam ganhar destaque.

> [...] a partir de maio de 1997 passaram a ser noticiadas sistematicamente informações sobre o distanciamento entre um discurso libertário emancipador dos oprimidos e as práticas internas de algumas lideranças, tidas como rígidas, fechadas e autoritárias, segundo depoimentos de muitos dos próprios assentados.[52]

Mesmo demonstrando e denunciando a ineficácia e irregularidades das ações do governo, o movimento camponês perdeu o "encanto" obtido forçosamente nos meios de comunicação. Com relação ao cadastro no programa de acesso direto a terra pelo correio, todos os camponeses sem-terra decidiram preencher tal formulário. Segundo o Ministério de Desenvolvimento Agrário (2001), cerca de 105 mil famílias foram pré-cadastradas. Somente no estado de São Paulo esse número chegou a 25 mil famílias. Até hoje não houve avanço algum nesse programa. As famílias estão em casa aguardando seu lote ou acampadas lutando por sua terra.

Soma-se a essa estratégia de tentativa de aniquilamento do movimento camponês e firmação dos projetos do governo a opção política e ideológica da mídia tradicionalmente voltada aos mesmos interesses daqueles que sempre detiveram o poder. Segundo Gohn (2000), na atualidade deixaram de estar próximos do poder para ser parte dele.

A luta pela construção
da parcela camponesa no território capitalista

Foram analisadas algumas políticas do governo federal, principalmente em resposta (na maioria punitivas) às pressões dos movimentos sociais. Aquela referente ao trabalho focaliza os movimentos sociais e relata um pouco da violenta história da luta pela terra no Brasil. Nesse sentido, evidenciamos alguns pressupostos sobre nosso entendimento com relação aos conceitos de movimento social.

Foram realizadas leituras sobre o conceito, a formação, estrutura, formas de ações e representações de movimento social, aprofundadas amplamente em Touraine (1973), Sader (1988) Grzybowski (1991) e Gohn (2000).

A partir da interpretação de leituras e da própria dinâmica da realidade, entendemos movimento social como processo de mudança. Esse processo pode abranger mudanças no campo individual e coletivo, conjuntural e estrutural, dependendo necessariamente de sua força e organização. A própria palavra *movimento* já possui uma denotação transformativa. Estar em movimento é não estar parado. Parece óbvio, mas na perspectiva das relações sociais e de luta de classes, estar parado muitas vezes pode significar estar paralisado com a situação envolvente e dominante. Então, estar em movimento transfigura essa posição.

Os movimentos sociais nascem principalmente pela percepção da necessidade de mudança. Essa pode ser ou não conquistada, dependendo das correlações de forças estabelecidas e das formas de organização do grupo envolvido.

Não procuramos realizar um levantamento sobre as correntes teóricas elaboradas para interpretar os movimentos sociais, mas compartilhamos as palavras de Touraine (1981) e Grzybowski (1991) sobre o significado de movimento social. De acordo com Touraine:

> Reconhece-se um movimento social porque ele fala ao mesmo tempo em nome do passado e em nome do futuro [...] ele nada mais é do que o aparecimento, no reino dos acontecimentos, das forças sociais, umas submersas nas categorias da prática social e as outras freqüentemente presas no silêncio e no proibido.[53]

Para Grzybowski (1994):

> A percepção de interesses comuns, no cotidiano, nas condições mais imediatas de trabalho e vida, percepção reproduzida a partir de e na oposição com outros interesses, de outros agentes sociais, a identidade em torno dos interesses comuns, as ações coletivas de resistência, etc. São um conjunto de condições necessárias dos movimentos. Só assim a tensão intrínseca às relações vira movimento.[54]

Uma das características presentes na história dos movimentos sociais no campo brasileiro é a violência. No Brasil, trata-se de um fator alarmante, tendo sempre existido de forma insofismável. Muitos já morreram, outros resistem bravamente. Todos estão sujeitos a sofrer qualquer tipo de violência, seja física ou não. Mas a história do Brasil revela fatos que nos deixaram e deixam perplexos pela tamanha brutalidade como sucederam.

Os indígenas foram os primeiros a conhecer a violência advinda com processo de colonização; e na procura por novos espaços e principalmente riqueza, cinco milhões de índios foram dizimados. Nesse agressivo contato com a sociedade branca, foram reduzidos a cerca de 220 mil.[55] Distribuindo esse número até se completar 500 anos de "descoberta" do Brasil, chegaríamos a um total de dez mil mortes de índios por ano. Pressionados pela construção capitalista do território no Brasil, os indígenas foram entrando pelo interior do país. A "maioria" da população indígena está concentrada na Amazônia; um refúgio que para continuar sendo um território "livre" no seio do capitalismo no Brasil ainda precisará de muita luta. Essa luta dos povos indígenas passa pelo processo de demarcação de terras; e contra a violência dos "eiros", ou seja, garimpeiros, madeireiros, grileiros, fazendeiros etc.

Outro personagem dessa história de violência que sofreu barbáries foi o escravo negro. A luta contra a escravidão cresceu tanto que dessa contradição do capitalismo surgiram os quilombos, terra da liberdade, do trabalho coletivo, do trabalho contrário às regras do jogo do capitalismo colonial e que por isso era alvo de destruição da elite. E assim, os camponeses foram vítimas de ataque e destruição a quem ia contra a lei do capitalismo e a favor do trabalho comunitário, contra a ordem vigente e a favor da liberdade. Canudos (BA), Contestado (SC), Teófilo Otoni (MG), Revolta de Porecatu (PR), Trombas e Formoso (GO), Revoltas do Sudoeste do Paraná (1957), Santa Fé do Sul (SP), Ligas Camponesas, Fazenda Santa Elina, Corumbiara, Eldorado dos Carajás e outras foram lutas pelo direito à terra, pelo direito ao trabalho, pelo direito à vida.

Mesmo sofrendo ações violentas por parte de fazendeiros, usineiros e pelo Estado, os camponeses não ficaram passivos durante toda essa história. A ação e a organização dos trabalhadores do campo marcaram a resistência no território.

Desde o século XX, as lutas camponesas só confirmam a necessidade de uma redistribuição de terras e uma política agrícola justa. Com todo um histórico secular de concentração de terras, o movimento camponês vem acompanhando e se firmando como contradição e oposição a esse estado geral (consciente disso, ou não).

Em meados da década de 1950 surgiram as Ligas Camponesas, movimento que cresceu em escala nacional.[56]

> As Ligas eram consideradas do ponto de vista legal como uma sociedade civil beneficente, de auxílio mútuo, cujos objetivos eram, primeiramente, a fundação de uma escola e a constituição de um fundo funerário [...] e secundariamente, a aquisição de implementos agrícolas e reivindicação de assistência técnica governamental.[57]

Foram formadas da necessidade de organização, devido ao aumento do foro (arrendamento) pelos proprietários de terras na Zona da Mata, em Pernambuco. Tornando essa manifestação contra a injustiça (de elevação de preços) e a favor da permanência nas terras (visto que muitos dos proprietários viviam na capital, e muitas propriedades eram improdutivas)um direito de cidadania, os camponeses procuraram apoio nos deputados, encontrando ajuda de Francisco Julião, integrante do Partido Socialista (identificado posteriormente como líder do movimento).

Pelo fato de as Ligas ganharem repercussão em todo país e com o surgimento de várias associações agrícolas, o Partido Comunista do Brasil criou em 1954 a União dos Lavradores e Trabalhadores Agrícolas do Brasil (Ultab), na tentativa de unificação desta luta.

Em 1961, dissidências apareceram no 1º Congresso de Lavradores e Trabalhadores Agrícolas, realizado em Belo Horizonte. Uma tendência que via a necessidade de sindicalização rural se opunha à idéia de uma reforma agrária com efeito mais radical (defendida pelas Ligas).

Esse início de descentralização do movimento camponês se intensificou com a conjuntura política que se instaurava no país. Empunhando a bandeira de "ordem na casa", a força militar reprimiu, perseguiu, extinguiu e "sumiu" físico/ psicologicamente com várias lideranças camponesas, desarticulando qualquer tipo de organização que implicasse a discussão e apregoação da reforma agrária.

No regime militar, repressão e violência foram tomadas como necessárias e imprescindíveis à implantação do "progresso" no Brasil. Tanto que a maioria das lideranças camponesas foram "desaparecidas" nesse período. Segundo dados da CPT/Mirad/Contag, organizados por Oliveira (1996), de 1964 a 1984 o número de mortos no campo chegou a 874. A Amazônia (mais especificamente o estado do Pará) ficou com quase metade do número de mortes, sendo considerada o centro da violência no Brasil. Na seqüência aparece a região Nordeste (263), Centro/Sudeste (164) e Sul (55).

Gráfico 01
Mortos em conflitos no campo – Brasil – 1964 a 1984

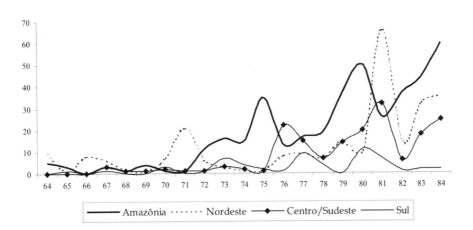

Fonte: CPT, 2002.
Org.: FELICIANO, C. A., 2002.

Por meio de grandes projetos governamentais, os militares, buscando suprimir e tirar de cena os conflitos que se manifestavam no Nordeste, estimularam movimentos migratórios rumo à Amazônia, com a tão comentada propaganda "Amazônia: terra sem homens para homens sem terra", ampliando e aumentando consideravelmente a violência na região.

Contraditoriamente, criavam-se também grandes projetos agropecuários (por meio da Sudam – Superintendência do Desenvolvimento da Amazônia), nos quais a presença do migrante camponês era dispensável logo após a abertura das novas áreas. Assim, o choque entre classes foi inevitável. Grandes grileiros oficiais (empresários/banqueiros/industriais), em sua maioria do Centro/Sul, não tinham nenhuma proposta que pudesse contemplar o trabalho desses camponeses, a não ser o fato de contratar jagunços para exterminar os próprios posseiros, índios e quem lá chegasse.

Além de todo confronto entre os jagunços e os camponeses, a presença dos índios também perturbava a realização dos projetos. Como não eram considerados "gente" fora do discurso, podiam ser massacrados, a exemplo do que aconteceu com uma aldeia indígena que fora totalmente exterminada em um bombardeio aéreo do "Paralelo 13".[58] Esse fato, assim como outros, revelam a brutalidade da qual índios e camponeses foram vítimas, e ainda são, ao contrapor uma outra lógica que não esteja dentro dos padrões e das relações tipicamente capitalistas de produção.

Nesse contexto, na década de 1970, uma facção progressista da Igreja Católica (Teologia da Libertação) começou a intervir na questão da luta pela terra. Iniciou uma discussão profunda em sua forma de agir perante a sociedade. Em 1968, na Conferência de Medellín e, posteriormente, em Iquito em 1971, surgiu um movimento dentro da Igreja com entendimento diferente sobre as posturas reproduzidas na época de um modelo baseado na Igreja européia. Há uma redefinição do seu papel com relação ao grupo trabalhado: "O pobre não é mais entendido como objeto de nossa ação caritativa. Pobre é sujeito, autor e destinatário de sua própria história".[59]

Durante essa reunião em Iquito, segundo Balduíno (2001), chegaram a algumas propostas na postura de trabalho com as comunidades:

- compromisso de máxima compreensão, respeito e aceitação das culturas autóctones;
- compromisso de assegurar a sobrevivência biológica e cultural das comunidades nativas e inserção da Igreja no seu processo histórico;
- constante avaliação crítica e autocrítica do missionário e da obra missionária;
- denúncia aberta e sistemática da injustiça institucionalizada.

Foi nesse contexto, da Teologia da Libertação, que se gestou o Conselho Indigenista Missionário (Cimi), em 1972, e a Comissão Pastoral da Terra (CPT), em 1975.

Balduíno (2001) relata que a CPT nasceu a partir do "grito denúncia" de Dom Pedro Casaldáliga, em 1971, expondo a situação de violência na Amazônia, por meio de uma carta pastoral chamada "Uma igreja da Amazônia em conflito com o latifúndio e a marginalização social".

A CPT organizou e organiza, com os trabalhadores, caminhadas e protestos, além de ter iniciado um processo de construção de uma conscientização e sentido de identidade camponesa, na luta pela obtenção de seus direitos. Nesse período, instalou-se no campo o assassinato qualitativo. Foram padres, advogados, intelectuais, lideranças sindicais que clamaram, ao lado dos camponeses, por justiça, cidadania e reforma agrária. Vários são os episódios de violência: padre Josimo, padre Rodolfo Lunkenbein, padre João Burnier, o advogado Eugênio Alberto Lyra Silva, entre outros.[60]

Mesmo com o processo de democratização no país a partir de 1985, a violência no campo aumentou assustadoramente. No início do governo "democrático" foram aniquilados mais camponeses do que nos governos militares (Gráfico 02). Com a proposta do 1º PNRA (Plano Nacional de Reforma Agrária) de assentar 1,4 milhão de famílias, a "Nova República" esqueceu de pedir autorização à tradicional elite

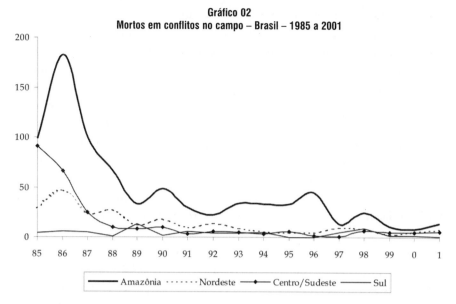

Gráfico 02
Mortos em conflitos no campo – Brasil – 1985 a 2001

Fonte: CPT, 2002.
Org.: FELICIANO, C. A., 2002.

agrária, que compunha (e compõe) parte significativa no Congresso brasileiro. Uma amostra desse poder está vinculada à criação da UDR (União Democrática Ruralista).[61] Na discussão realizada pelo historiador Edélcio Oliveira sobre a bancada ruralista no Congresso Nacional, demonstra-se que a UDR, representada pelo deputado Ronaldo Caiado, teve papel de total oposição à regulamentação dos artigos constitucionais que tratavam da reforma agrária:

> No início o grupo ruralista não se distinguia da UDR e não eram mais que vinte parlamentares, mas que orquestrados constituíam um poder de articulação razoável. Esta frente só não mobilizou mais parlamentares devido ao caráter agressivo que o deputado Ronaldo Caiado (PFL/GO) imprimiu ao grupo [...]. Nas legislaturas 1990/94 e 1995/98, a bancada ruralista adotou formas diferenciadas de operacionalizar os seus interesses. Na primeira, [1990/1994] sob influência da UDR, mostrou-se truculenta e agressiva para com os adversários. O domínio dos pecuaristas, no interior do grupo, conduziu-o a uma situação de constante confronto. Na legislatura posterior [1995/1998], os ruralistas órfãos de uma liderança centralizadora optaram pela representação diversificada, ou seja, certos deputados se colocaram como porta-vozes e articuladores de setores específicos. Nesta legislatura [1999/2002], a operacionalização vai depender vai depender do comportamento de alguns líderes.[62]

A bancada ruralista na Câmara dos Deputados realizou, em um emaranhado de relações, a construção e uso do espaço legal e institucional, discutidos anteriormente. Primeiro, por articular benefícios a seus interesses e a segmentos politicamente atrelados; segundo, por ter trânsito livre nos mecanismos e programas criados pelo governo.

A década de 1990 também revelou números assustadores com relação à violência no campo. Tanto ali como na cidade, foi manifestada por meio de chacinas. Chacina da Candelária, do Carandiru, chacina de Corumbiara, de Eldorado dos Carajás, dos ianomâmis. Considerando chacina a partir de três assassinatos em uma mesma data, a CPT registrou nove episódios na década de 1990.[63] O número total de mortes foi de 66 pessoas (inclusive menores de 18 anos). Como marca da violência, a região amazônica mais uma vez está à frente, com 8 chacinas, totalizando 59 mortos.

Essa é a face perversa do Brasil. Construindo e revelando contradições inerentes ao processo de produção e reprodução do capital. Executando e recriando ao mesmo tempo. Senão, como explicar ou teorizar a presença incômoda desses camponeses? Ou ainda, como um modelo de desenvolvimento econômico tão avançado pode conviver com ações típicas da barbárie, como a violência?

Atualmente os movimentos sociais no campo brasileiro têm origens diversificadas, mas com a mesma finalidade. Essa diversidade deu-se com a entrada desses novos personagens em cena, principalmente a partir da década de 1980, o que nos fez compreender que a formação do movimento camponês ocorreu em momentos históricos distintos.

A luta dos posseiros pelo acesso à terra liberta, de trabalho, que vem desde a década de 1940 demonstrou o desejo do camponês de não se tornar proletário. Essa manifestação foi materializada por meio da migração rumo às fronteiras em busca de sua condição de trabalhador-camponês. Mas foi com a formação da CPT na década de 1970 que esses camponeses até então desunidos passaram a vislumbrar novas possibilidades e resistências, materializadas via "roças comunitárias", construindo um processo coletivo de defesa da posse da terra.[64]

Uma outra frente de luta que entrou em cena foi a participação dos seringueiros da Amazônia, por meio das reservas extrativistas. No início de 1980, os seringueiros da Amazônia, mais precisamente do Acre, iniciaram uma luta pela preservação da floresta, que estava intrinsecamente ligada à sua sobrevivência e subsistência. A estratégia adotada materializou-se pelos embates. A reivindicação principal dos seringueiros da Amazônia é "a demarcação das áreas onde os povos da floresta possam viver da coleta dos frutos da matas e da terra mantida como propriedade da União e não transformada em propriedade privada e os seringueiros tenham o usufruto das áreas".[65]

As reservas extrativistas localizam-se principalmente na região amazônica, mas o acúmulo de conhecimento e as estratégias dessa luta começam a se espacializar quando comunidade de camponeses de outras regiões, como o Vale do Ribeira em São Paulo, também manifestam interesse em formar reservas extrativistas na Mata Atlântica, como meio de sustento para sua família.

Marcando a diferença das lutas e dos movimentos sociais no campo, surgiu na década de 1980 o grupo dos bóias-frias com o desenvolvimento do capitalismo baseado nas relações de produção e de trabalho por meio de salário. Com a venda de sua força de trabalho para as empresas capitalistas, os trabalhadores assalariados (bóia-fria), agora separados do local de trabalho (campo) e o lugar da morada (cidade), iniciaram uma luta contra a exploração em busca de melhores condições de trabalho e ganhos salariais. Os partidos políticos e as centrais sindicais tiveram um papel na formação dessa conscientização dos trabalhadores assalariados rurais.

As greves aconteceram em várias regiões brasileiras (na zona da mata pernambucana e paraibana, no interior de São Paulo, no sul de Goiás, Triângulo Mineiro, norte do Paraná e Mato Grosso), justamente nas grandes áreas de cultura da laranja, cana de açúcar, café etc.

No estado de São Paulo, as greves de maio de 1984, principalmente no município de Guariba, conquistaram um grande destaque em razão da violência adotada pelos usineiros, pelos industriais, pelo Estado, somados a violência policial contra os grevistas.

Uma outra frente de luta que também merece ser mencionada é a do Movimento dos Atingidos por Barragens (MAB). Segundo o próprio MAB:

> [...] a história da luta dos atingidos por barragens no Brasil, vem sendo construída, ao longo dos anos, por agricultores, povos indígenas, ribeirinhos, remanescentes de quilombos e populações urbanas atingidas. Tem sido uma história de Resistência, de Luta pela terra, pela natureza reservada e por uma política Energética justa que atenda os anseios das populações atingidas, de forma que estas tenham participação nas decisões sobre o processo de construção de barragens, seu destino e o do meio ambiente.

Essa luta deu-se com o início da construção dos grandes complexos hidrelétricos na década de 1970, sendo que grandes áreas deveriam ser desapropriadas e os camponeses precisavam sair rapidamente do local de morada, deixando sua casa, terras e um conjunto de relações sociais e espaciais já estruturadas.

Devido a essa perda das relações de sobrevivências e de trabalho, a identidade desses camponeses ficou fragilizada, criando neles a necessidade de se organizarem na luta pelo reassentamento, por indenizações e "inclusive levando suas experiências para contribuir na organização de outros grupos antes da obra ser construída, de modo que estes passavam a ser sujeitos políticos, capazes de decidir sobre o destino de suas regiões e de suas vidas".[66] Com essa experiência e conhecimento acumulado iniciou-se também a formação de um outro movimento: o Movimento dos Ameaçados pelas Barragens (Moab).

Apesar da grande concentração e formação dos novos movimentos sociais no campo nas décadas de 1970 e 1980 como mencionado, o movimento camponês é construído, devendo ser entendido por seus momentos históricos distintos, com suas particularidades e especificidades políticas, econômicas, socais e espaciais.

Compreender a luta pela terra e pela reforma agrária no Brasil é compreender antes de tudo a formação do território pelas suas desigualdades e singularidades. Por isso, passaremos a tratar da formação de uma frente do movimento camponês que possui grande destaque na atualidade: o Movimento dos Trabalhadores Rurais Sem-Terra (MST).

O MST é considerado por muitos intelectuais, tanto nacionais como internacionais, o movimento social mais bem organizado na atualidade. Sua principal forma de pressão e estratégia de luta se concretiza nas ocupações de terras.

Tem sua origem estreitamente ligada às ações do movimento de renovação da Igreja Católica (Teologia da Libertação), sendo que muitas das ações da Igreja já trilhavam por esse caminho, como é o caso das CEBs (Comunidades Eclesiais de Base) em 1973, e posteriormente com a criação da CPT em 1975. Lutas localizadas aconteciam por todo Brasil, principalmente a partir do final da década de 1970. Segundo Fernandes:

> As lutas que marcaram o princípio da história do MST foram as ocupações das glebas Macali e Brilhante, no município de Ronda Alta/RS, em 1979; a ocupação da Fazenda Burro Branco, no município de Campo-Erê/SC, em 1980, ainda nesse ano, no Paraná, o conflito entre mais de dez mil famílias e o estado que, com a construção da Barragem de Itaipu, tiveram suas terras inundadas e o estado propôs apenas a indenização em dinheiro; em São Paulo a luta dos posseiros da Fazenda Primavera nos municípios de Andradina, Castilho e Nova Independência; no Mato Grosso do Sul, nos municípios de Naviraí e Glória de Dourados, milhares de trabalhadores rurais arrendatários desenvolviam um luta tensa pela resistência na terra.[67]

A região Sul do Brasil foi o primeiro espaço de conquista do MST, onde os camponeses decidiram unir-se para lutar pela terra. Uma luta travada a partir da política de desenvolvimento agropecuário instaurada durante o regime militar.

> Após a ocupação da gleba Macali em Ronda Alta, Rio Grande do Sul, novas formas de lutas também se repetiram no campo, principalmente nas regiões Sul e Sudeste. A Igreja inserida como mediadora dos trabalhadores sem-terra começa a criar entre estes, uma necessidade de realizar trocas das experiências de luta. A CPT organizou um encontro em Goiás para que esses trabalhadores pudessem relatar e trocar suas experiências de luta; dezesseis estados brasileiros estavam ali

representados, sendo que os trabalhadores do Centro-Sul viram a necessidade de se reunir mais vezes. Até que em 1983, a partir de um encontro realizado em Chapecó/SC, criaram uma Coordenação Regional Provisória, composta pelos seguintes estados: RS, SC, PR, SP e MS.[68]

A CPT registrou em 1985 cerca de 42 acampamentos de trabalhadores rurais sem-terra e mais de 10 mil famílias camponesas, como pode ser observado na Tabela 14. Nota-se que no início as ocupações de terras ficaram concentradas principalmente na região sul do país. Foi justamente nesse ano que essa estratégia de luta camponesa entrou no cenário agrário brasileiro. Ocupações e acampamentos surgem em diferentes regiões brasileiras.

Tabela 14
Ocupações e acampamentos rurais no Brasil – 1985

Estado	Ocupações e acampamentos	Número de famílias
Espírito Santo	01	372
Goiás	02	160
Maranhão	01	500
Mato Grosso do Sul	03	1.174
Minas Gerais	02	38
Pernambuco	01	95
Paraná	13	3.318
Rio Grande do Sul	02	2.570
Rio de Janeiro	02	219
Sergipe	01	83
São Paulo	07	1.805
Santa Catarina	07	500
Total	42	10.834

Fonte: CPT, 1986.

A necessidade de unificação da luta cresceu tanto que do encontro nacional, realizado em Cascavel/PR em 1984, foi criado o Movimento dos Trabalhadores Rurais Sem-Terra. As linhas gerais do movimento foram elaboradas nesse Primeiro Encontro Nacional:

- Que a terra só esteja nas mãos de quem nela trabalha;
- Lutar por uma sociedade sem exploradores e sem explorados;
- Ser um movimento autônomo dentro do movimento sindical para conquistar a reforma agrária;
- Organizar os trabalhadores sem-terra na base;
- Estimular participação dos trabalhadores rurais no sindicato e no partido político;

MOVIMENTO CAMPONÊS REBELDE

- Dedicar-se à formação de lideranças e construir uma direção política dos trabalhadores;
- Articular-se com os trabalhadores da cidade e da América Latina. [69]

Pelos princípios citados acima, o MST possui um caráter autônomo. Não é mencionado seu vínculo com as CPTs e CEBs, mas o fato de que pretende manter uma relação mais estreita com os sindicatos rurais e partidos políticos. O próprio MST explica o porquê desses princípios tirados no Encontro:

> Tomar a decisão de se constituir um movimento social, autônomo, de trabalhadores rurais, não só de trabalhadores rurais, mas de todos aqueles que quisessem lutar por terra, por reforma agrária e por mudanças sociais na sociedade brasileira, representava um amadurecimento político-ideológico, de compreender que a luta pela reforma agrária extrapola os limites do movimento sindical, que necessitava do apoio das igrejas mas não poderia ser um movimento confessional e que era necessário se constituir num amplo movimento social que fosse, ao mesmo tempo, popular, onde todos os que quisessem lutar seriam aceitos, homens, mulheres, jovens e adultos, crianças e anciãos, trabalhadores rurais, militantes sociais, agentes de pastoral sindicalistas, todos. Mas que mantivesse também um caráter sindical, para realizar lutas específicas de caráter corporativo, como é a luta por créditos, preços, etc. E também político, no sentido de recuperar que a luta pela reforma agrária é acima de tudo uma luta de classes contra o latifúndio e contra o Estado que o representa.[70]

O caráter de não se prender a uma instituição, a um partido ou a um sindicato é o que explica a especificidade de movimento social ao MST. O dinamismo e espontaneidade são próprios desse conceito, e o MST consegue, apesar de muitas dificuldades organizativas encontradas, internas e externamente, apresentar essas características.

Sua estrutura de organização é formada pela base, ou seja, pelos próprios assentamentos e acampamentos. Existem as coordenações/setores em cada assentamento ou acampamento. Os setores são criados de acordo com as próprias necessidades dos assentados/acampados. Em geral são: produção, educação, saúde, finanças, comunicação, frente de massa etc.

As assembléias do assentamento decidem quais serão seus representantes na coordenação regional, e esta é definida no encontro regional. No âmbito estadual a coordenação é definida no encontro estadual, sendo formada por representantes das centrais das cooperativas estaduais, dos setores e da direção estadual.

Em cada encontro estadual são definidos dois representantes para comporem a coordenação nacional, que também é composta por 2 membros eleitos de cada central das cooperativas estaduais e por 21 membros definidos no encontro nacional. O 1º Congresso Nacional do MST, realizado em janeiro de 1985 na cidade de Curitiba/PR, foi um marco para a luta dos sem-terra e para a própria afirmação do movimento.

No período de 1985 a 1989, o MST começou seu processo de territorialização pelo Brasil, que é entendido como:

> [...] de conquista de frações do território pelo MST e outros movimentos sociais [...]. Nesse processo, a fração do território é conquistada na espacialização da luta, como resultado do trabalho de formação e organização do movimento. Assim, o território conquistado é trunfo e possibilidade de sua territorialização na espacialização da luta pela terra [...] a territorialização expressa concretamente o resultado das conquistas da luta e, ao mesmo tempo, apresenta novos desafios a superar.[71]

Inicialmente, o MST estava organizado em apenas 5 estados, depois começou a se organizar nas regiões da Amazônia e Nordeste. Até 1989, o Brasil já contava com 12 estados organizados na luta pela terra por meio do MST. Em 2005, ele se fazia presente em 23 estados.

A CPT, principalmente a partir de 1990, iniciou uma sistematização dos dados sobre as ocupações de terras no Brasil. A partir disso, procuramos demonstrar como se deu, foi construída e se espacializou essa estratégia de luta camponesas no Brasil, com o auxílio da seqüência dos Mapas 02, 03 e 04. Eles foram divididos em três períodos: Mapa 02 (1990 a 1992) compreende o período governamental de Fernando Collor de Mello, em que a maioria das ocupações com famílias acampadas estavam concentradas nas regiões Sul, Sudeste e litoral nordestino.

O Mapa 03 representa o número de famílias por município que participaram de ocupações de terras no Brasil, durante o governo de Itamar Franco (1993-1994). A região do Pontal do Paranapanema/SP começa a aparecer como uma das áreas mais conflituosas do Brasil, em razão dos questionamentos promovidos pelo movimento camponês sobre o processo de grilagem nas áreas devolutas e sua reivindicação do assentamento das famílias acampadas. Nesse período, as ocupações e o número de famílias acampadas nos estados de Pernambuco, sul da Bahia e Mato Grosso do Sul começam a ganhar destaque.

Certamente foi no período correspondente aos dois mandatos de Fernando Henrique Cardoso (1995 a 2002) que as ocupações de terras ganharam notoriedade. A representação cartográfica do mapa 04 demonstra que a distribuição geográfica das famílias acampadas no Brasil foi gigantesca. Essa informação revela que o processo de luta via ocupações de terras desponta como a principal forma de luta camponesa da atualidade. Foi nesse período que ocorreram os dois maiores massacres no campo brasileiro: Corumbiara/RO (1995) e Eldorado dos Carajás (1996). Também foi nessa mesma época que a mobilização camponesa ganhou repercussão nacional e internacional com as marchas pela reforma agrária.

Devido a essa notoriedade, o governo iniciou o processo de tentativa de despolitização da luta camponesa. Foi necessário, então, criar medidas e propostas

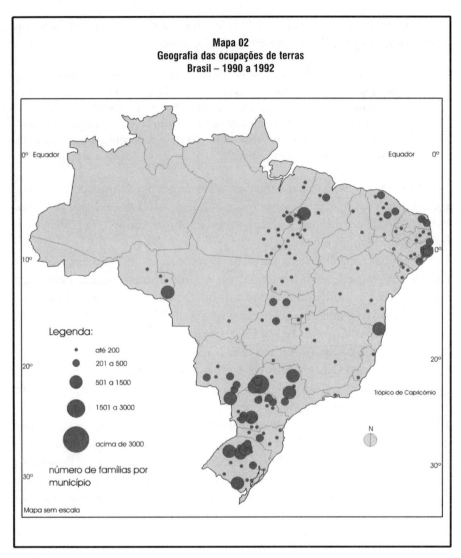

Fonte: CPT, 2003.
Org.: FELICIANO, C. A.

amplas e fantasiosas para conter e reprimir as ocupações de terras que já se materializam em todos os estados da federação brasileira.

No período de 1995 a 2002, como pode ser observado pelo Mapa 04, as regiões onde as ocupações de terras foram mais freqüentes e têm o número de famílias bem maiores compreende o Centro/Sudeste (em especial Mato Grosso do Sul, São Paulo e Goiás), o Sul, todo o litoral nordestino e a região no Bico do Papagaio (que compreende os estados do Maranhão, Tocantins e Pará).

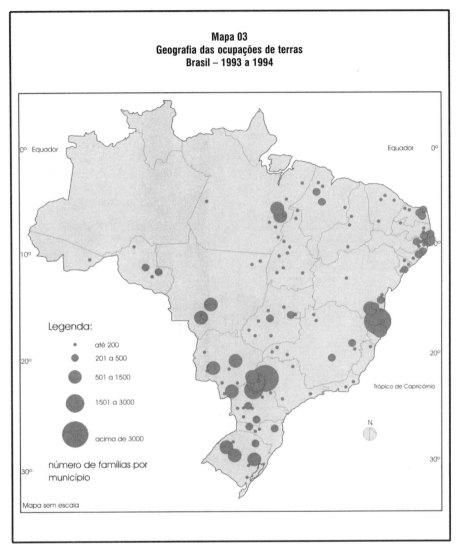

Fonte: CPT, 2003.
Org,: FELICIANO, C. A.

As estratégias de luta dos camponeses são as mais diversificadas, criadas pelos próprios trabalhadores de acordo com suas necessidades. Podem diferenciar de acordo com o modo de organização de cada estado, região e localidade. As principais táticas são as ocupações de terra, caminhadas, marchas, ocupações de órgãos públicos etc.

Uma das maiores manifestações organizadas pelo MST, de repercussão internacional, foi a Marcha Nacional por Reforma Agrária, Emprego e Justiça, realizada em abril de 1997.

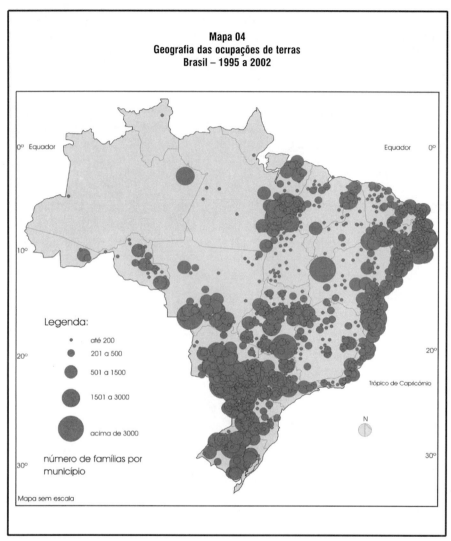

Fonte: CPT, 2003.
Org,: FELICIANO, C. A.

Iniciada dois meses antes, a marcha partiu de três estados brasileiros rumo à Brasília (DF): um grupo com aproximadamente 550 trabalhadores saiu de São Paulo, outro partiu de Governador Valadares (MG) com 400 integrantes e o terceiro saiu de Rondonópolis (MT) mobilizando um total de 350 pessoas. A marcha teve caráter político ao pressionar o governo para a efetivação de uma verdadeira e ampla reforma agrária, além de ser uma maneira de protesto contra a violência no campo, a favor da punição dos responsáveis pelo massacre de trabalhadores sem-terra, acontecido um ano antes em Curionópolis/PA, no qual 19 pessoas foram assassinadas pela polícia militar.

Os camponeses, com essa estratégia de luta, conseguiram ser percebidos pela mídia brasileira. Foram reportagens diárias nos mais "eficientes" veículos de comunicação. O tema da reforma agrária esteve presente na vida dos brasileiros em novelas, noticiários e até mesmo em um programa que contava com a participação do telespectador.[72] É claro que o viés pelo qual seguiu a dramaturgia foi politicamente decidido, chegando até a ocorrer conversas do autor da novela com o então ministro de Política Fundiária, Raul Jungmann.[73]

No dia 17 de abril, aniversário de um ano do massacre de Eldorado dos Carajás, a manifestação organizada pelos camponeses chegou a um total de 40 mil pessoas. Entre os trabalhadores sem-terra, grande parte era também composta por estudantes, professores e sindicalistas. Um grupo de coordenadores teve audiência com o presidente da República, entregando um manifesto e uma carta de reivindicações para que a reforma agrária fosse colocada como prioridade do governo.

Conquistando temporariamente um espaço na mídia, e assim dimensionando as discussões sobre a reforma agrária, o MST é freqüentemente alvo de ataques políticos. O próprio governo federal e alguns donos de mídias tentam a todo custo desgastar a imagem do movimento associando-o ao "vandalismo", à "baderna" e à "anarquia", como já exposto anteriormente na construção do espaço imaginativo como uma estratégia de despolitização da luta camponesa. A cobertura do episódio dos saques acontecidos no Nordeste, em 1998, é um dos exemplos dessa estratégia de desmoralização perante a sociedade. A mídia e o governo divulgaram e responsabilizaram o MST por incitar os saques ocorridos no Nordeste, devido à seca de meados de 1998. Foram manchetes nos principais veículos de circulação nacional.

Segundo o geógrafo Aziz Ab'Saber: "Os períodos de seca prolongadas acontecem no Nordeste em média de 12 em 12 anos, e o governo brasileiro sabe e sempre soube disso e nunca tomou uma decisão a respeito".[74]

Desde junho de 1997, institutos de meteorologia alertavam para as conseqüências do fenômeno *El Niño*. O Congresso Nacional estava informado sobre a seca que aconteceria no ano seguinte. Por que nenhuma atitude foi pensada ou tomada?

Portanto, relacionar e responsabilizar pelos saques o MST foi uma atitude de desvio e despolitização do problema. Conforme Neves:

> No Nordeste Brasileiro, os saques, as tentativas de saques e as invasões de pequenas cidades no interior constituíram-se como as principais e mais freqüentes manifestações de ação direta dos camponeses em épocas de seca, desde a década de 1930.[75]

Uma pesquisa feita em 1994 sobre os saques realizados no estado de Pernambuco com trabalhadores participantes constatou que 63% dos entrevistados relacionam o saque ao objetivo primeiro de matar a fome. Em seguida, 29,7% o vêem como uma forma de protesto, para forçar a criação de programas emergenciais de trabalho e distribuição de cestas básicas.[76]

Os ataques quase diários ao MST fizeram parte de uma política adotada pelo governo FHC, com apoio da mídia, para deslocar a discussão sobre a reforma agrária no Brasil.

O MST, com as ocupações de terra, ilegal perante a legislação brasileira,[77] se choca com a política do governo. A maneira, então, que o governo encontra para redirecionar as discussões (ou melhor, a não-discussão) foi tentar abafar o movimento pelo isolamento e pela manipulação de dados e informações.

Enquanto os ataques ao movimento vêm a toda velocidade e por todos os lados, os trabalhadores rurais sem-terra também ocupam todos os lados. Sabem que a conquista da terra virá somente de sua ação, de seu movimento. E só assim será tomadas providências negadas por tanto tempo. O documentário *O canto da terra* (dirigido por Paulo Rufino) coloca em um trecho belíssimo, de maneira simples e poética, o significado dessa luta:

> Dos campos, das cidades, das frentes dos palácios, os Sem-Terra, este povo de beira de quase tudo, retiram suas lições de semente e história. Assim, espremidos nessa espécie de geografia perdida que sobra entre as estradas, que é por onde passam os que têm para onde ir e as cercas, que é onde estão os que têm onde estar, os Sem-Terra sabem o que fazer: plantam. E plantam porque sabem que terão apenas o almoço que puderem colher, como sabem que terão apenas o país que puderem conquistar.

Com o passar dos anos, acumulando experiências, o movimento camponês, no caso o MST, não conquistou apenas inimizades, mas também solidariedade. Os movimentos sociais possuem suas formas de sociabilidade com outros segmentos da sociedade brasileira e setores internacionais. Os caminhos são mais sinuosos e difíceis, mas o sentido de unidade construído coletivamente é coeso, sincero e justo.

As formas de socialização da luta camponesa com outros segmentos foram estabelecidas, assim como foram sendo criadas necessidades de sobrevivência. Na atualidade esse modo de socialização da luta camponesa alcançou uma projeção nacional e mundial.

No Brasil, o Fórum Nacional pela Reforma Agrária tem realizado campanhas pela realização da reforma agrária no Brasil. Seus principais componentes são: a Associação Brasileira de Reforma Agrária (Abra), a Cáritas, o Cimi, o Conselho Nacional de Igrejas Cristãs do Brasil (Conic), a Contag, a CPT, o Instituto de Estudos Socioeconômicos (Inesc) e o MST.

Na escala mundial, a articulação do movimento camponês brasileiro ocorreu principalmente por meio da Via Campesina. O conjunto de idéias e necessidades comuns aos movimentos camponeses do mundo ganhou visibilidade e unidade a partir de um espaço de socialização política realizado no Brasil: o Fórum Social Mundial.

O Primeiro Fórum Social Mundial ocorreu entre os dias 25 a 30 de janeiro de 2001 em Porto Alegre e contou com representantes de 122 países, incluindo 3.700 delegados (desses, 1.502 eram estrangeiros) e mais 16 mil militantes. Esse Fórum teve a finalidade de dar continuidade aos protestos iniciados em Seatlle, com o Fórum Econômico sendo realizado no mesmo dia em Davos (Suíça). Seu fundamento é em lutar pela construção de um outro mundo, contra as determinações dos grupos econômicos mundiais e a favor da inclusão social.

Para se ter noção do papel do campesinato no Brasil e no mundo, segue trecho de um documento elaborado e assinado por 122 países participantes do Fórum Social Mundial:

> Somos mulheres e homens [camponeses e camponesas], trabalhadores e trabalhadoras, profissionais, estudantes, desempregados, povos indígenas e negros vindos do sul e do norte, que temos o compromisso de lutar pelos direitos dos povos, a liberdade, a segurança, o emprego e a educação. Somos contra a hegemonia do capital, a destruição de nossas culturas, a monopolização do conhecimento e dos meios de comunicação de massas, a degradação da natureza e a deteriorização da qualidade de vida através das mãos de corporações transnacionais e das políticas antidemocráticas. A experiência da democracia participativa, como em Porto Alegre, mostra que alternativas concretas são possíveis. Reafirmamos a supremacia dos direitos humanos, ecológicos e sociais sobre as exigências dos capitais e dos investidores. Chamamos todos os povos do mundo a se unirem a esta luta pela construção de um futuro melhor.[78]

Foi através da espacialização da luta camponesa no Brasil que o MST articulou sua participação nessa possibilidade de construção de um movimento camponês mundial, materializado atualmente por meio da Via Campesina, que é um movimento internacional que coordena organizações camponesas de pequenos e médios agricultores, de trabalhadores agrícolas, mulheres e comunidades indígenas da Ásia, África, América e Europa. É também um movimento autônomo, pluralista, independente de denominações políticas. Atualmente os movimentos e organizações membros da Via Campesina estão territorializados mundialmente da seguinte forma, conforme Tabela 15.

Tabela 15 – Movimentos e organizações camponesas – membros da Via Campesina

América Central

Asociación de Trabajadores del Campo (ATC) Nicarágua
Asociación de Organizaciones Campesinas Centroamericanas para la Cooperación y el Desarrollo (ASOCODE) América Central
Asociación de Pequenos y Medianos Productores de Panamá, (Apemep) Panamá
Coordinadora Nacional Campesina de Costa Rica (CNC-CR), Costa Rica
Unión Nacional de Agricultores y Ganaderos (UNAG), Nicarágua
Consejo Coordinador de Organizaciones Campesinas de Honduras (COCOCH), Honduras
Asociación Democrática Campesina (ADC), El Salvador
Comité de Unidad Campesina (CUC), Guatemala.
Coordinadora Nacional Campesina de Belize - Belize
Federación Belicena de Cooperativas Agrícolas (BFAC)
Confederación de 20 Cooperativas Belice las (BCC) - Belize

América do Sul

Asociación Nacional de Usuários Campesinos (Anuc-UR) - Colômbia
Confederación Campesina del Peru – Peru
Confederación de Asociaciones Cooperativas de El Salvador (Coaces) - El Salvador
Confederación Nacional Agraria (CNA) – Peru
Confederación Nacional de Mujeres Campesinas de Bolivia, Bartolina Sisa Bolívia - Bolívia
Confederación Nacional e Indígena El Surco Chile - Chile
Confederación Sindical Única de Trabajadores Campesinos de Bolívia (CSUTCB) – Bolívia
Federación Nacional de Organizaciones Campesino-Indígenas (Fenoc-I) – Equador
Federación Nacional Sindical Unitária Agropecuaria (Fensuagro-CUT) – Colômbia
Movimento dos Trabalhadores Rurais Sem-Terra (MST) Brasil

Movimiento Agrário de la Región Pampeana (MARP) – Argentina
Movimiento Agrário de Misiones (MAM) – Argentina

Oeste Europeu

Coordinadora Campesina Europea/European Farmers Co-ordination (CPE)
Front Uni Dês Jeunes Agriculteurs (Fuja) – Bélgica
Vlaams Agrarisch Centrum (VAC) – Bélgica
Arbeitsgemeinschaft uerliche Landwirtschaft (ABL) – Alemanha
Confederation Paysanne France
Sindicato Labrego Galego (SLG) – Espanha
Unión De Ganaderos Y Agricultores Vascos (EHNE/UGAV) – Espanha
Union Dês Producteurs Suisses (UPS) – Suíça
Osterreichische Bergbauernvereinigung (OBV) – Aústria
Scottish Crofters Union (SCU) – Reino Unido
Fraie Letzebuerger Baureverband (FLB) – Luxemburgo
Norsk Bonde - Og Smabrukarlag (NBS) – Noruega
Kritisch Landbouwberaad (KLB) – Holanda
Mouvement Intemational de Jeunesse Agricole Rurale Catholique (Mijarc)
Confederação Nacional da Agricultura (CNA) – Portugal
Verein Zum Schutz Der Mittleren Und Kleinen Betrieben (VKMB) – Suíça
Federation Internationale dês Mouvements d'Adultes Ruraux Catholiques (Fimarc – Europa)
Unión de Agricultores y Ganaderos de Rioja (UAGR)
Coordinadora de Organizaciones de Agricultores y Ganadores (COAG) – Espanha
Sindicato de Obreros dei Campo de Andalucía (SOC) – Espanha

Leste da Europa

Estonian Farmers Union – Estônia
Peasant Solidarnosc-Krakow – Polônia

Norte e Sudeste Asiático

Demokratikong Kilusang Magbubukid ng Filipinas (KMP) – Filipinas
Kilusang Magbubukid ng Filipinas (KMP) – Philippines
Fórum of the Poor Thailand

Sul da Ásia

Indian Federation ofToiling Peasants (IFTOP) – Índia
Karnataka Rajya Ryota Sangha (KRRS) – Índia
Dasholi Gram Swarajya Mandai (DGSM) – Índia
Sindh Rural Workers Cooperative Organisation Pakistan – Paquistão

Cuba e Caribe

CONAMUCA República Dominicana
Mouvement Peyizan Papay – Haiti
ANAP Cuba
WINFA (Association of Caribbean Farmers Organizations)
Caribbean National Farmers Union St. Vincent
National Farmers Association St. Lúcia
Cane Farmers Association Grenada
Dominican Farmers Union – República Dominicana
Organizacion Partriotique dês Agriculteurs Martiniquais Martinica

América do Norte

Asociación Nacional de Empresas Comercializadoras de Productores Dei campo – México
Asociación Mexicana de Uniones de Crédito dei Sector Social (AMUCSS) – México
Central Independiente de Obreros Agrícolas y Campesinos (Cioac) – México
Coordinadora Nacional Plan de Ayala (CNPA) – México
National Farmers Union (NFU) – Canadá
National family Farm Coalition (NFFC) – EUA
Union Nacional de Organizaciones Regionales Campesinas Autónomas (Unorca) – México

Fonte: Via Campesina, 2002.

A Via Campesina apresenta como frentes de atuação, em conjunto com seus movimentos membros, as seguintes linhas:

- Articulação e o fortalecimento de suas organização-membros;
- Incidir nos centro de poder e decisão dos governos e organismos multilaterais com o intuito de reorientar as políticas econômicas e agrícolas que afetam os pequenos e médios produtores;
- Fortalecer a participação das mulheres nos aspectos sociais, econômicos, políticos e culturais;
- Formular propostas com relação a temas importantes como: Reforma Agrária, soberania alimentar, produção, comercialização, recursos genéticos, meio ambiente e gênero.[79]

Ao se atentar para os princípios gerais do MST notar-se-á semelhanças nas necessidades, origem e propostas de atuação. Podemos pensar – futuramente – que estamos no início da construção de parcela do território capitalista dominado pelos camponeses no mundo.

O processo de socialização da luta camponesa ocorre em frações de tempo e espaço desiguais ao processo de despolitização do capital contra a luta camponesa. A velocidade do capital aliado à estrutura do Estado tenta despolitizar e descredenciar os movimentos sociais o quanto antes. Mas essa despolitização não tem uma unidade e coesão. O movimento camponês sempre devagar, mas não divagando, vai demonstrando e dando alguns indicadores da possibilidade se de construir um outro território. Pois segundo Oliveira:

> O território não é um primus ou um priori, mas a contínua luta das classes sociais pela socialização igualmente contínua da natureza, isto é, simultaneamente, construção, destruição, manutenção e transformação. É, em síntese, a unidade dialética, portanto contraditória, da espacialidade que a sociedade tem e desenvolve de forma desigual, simultânea e combinada, no interior do processo de valorização, produção e reprodução.[80]

Para refletir um pouco mais sobre essas frações de tempo e espaço desiguais, tanto no movimento camponês quanto em relação ao Estado, poder público e proprietários de terras, optamos por estudar esses fenômenos tendo como campo de estudo a atuação e formação do movimento camponês no estado de São Paulo.

Além das relações existentes entre Estado/movimento social, movimento social/fazendeiros, e as tentativas de se implantar uma política de despolitização da luta pela reforma agrária no Brasil, a compreensão sobre a formação e contradições do movimento camponês e suas formas de resistência encontradas

MOVIMENTO CAMPONÊS REBELDE

no estado de São Paulo revelam, como mostraremos nos capítulos seguintes, uma parte da riqueza e do acúmulo da experiência de luta construída pelos milhares de famílias de trabalhadores camponeses existentes no país.

Notas

[1] J. S. Martins, Expropriação e violência: a questão política no campo, São Paulo, Hucitec, 1991, pp. 10-1.

[2] L. C. G Pinto, "Reflexões sobre a política agrária brasileira no período 1964-1994", em Reforma Agrária, Campinas, v. 24, n. 1, 1995, pp. 65-91.

[3] Realizado entre 25 e 27 de maio de 1985.

[4] J. G. Silva, Caindo por terra: crises da reforma agrária na Nova República, São Paulo, Busca Vida, 1987.

[5] "Reforma Agrária, seria realizada em áreas de domínio privado, situadas em regiões já ocupadas, dotadas de infra-estrutura, com densidade demográfica apreciável e tensão social. Colonização seria dirigida para áreas públicas, geralmente situadas em regiões de desbravamento e ocupação" (J. G. Silva, op. cit., ibidem)

[6] Idem, ibidem.

[7] Na época abrangia cerca de 950 áreas envolvendo 120 mil famílias (J. G. Silva, op. cit., p. 62).

[8] Idem, ibidem.

[9] Os economistas chegaram ao valor através dos critérios clássicos da perícia puramente mercadológica, aliada também à tendência de diminuição do preço da terra ante o anúncio da Reforma (J. G. Silva, op. cit., p. 65).

[10] Idem, ibidem.

[11] L. C. G. Pinto, op. cit., pp. 65-91.

[12] Mais detalhes, ver revista da Abra, ano IV, n. 3, ago./dez. 1985. Ela traz comentários sobre o plano Nacional de Reforma Agrária e seus recuos.

[13] A. U. Oliveira, A geografia das lutas no campo, 6. ed., São Paulo, Contexto, 1996.

[14] Idem, ibidem.

[15] M. R. T. Sader, Espaço e luta no Bico do Papagaio, Tese de Doutorado, Departamento de Geografia, FFLCH – USP, 1986.

[16] BRASIL, Programa da Terra, Brasília, Incra, 1992.

[17] L. C. G. Pinto, op. cit., pp. 65-91.

[18] A. U. Oliveira, op. cit., p. 104.

[19] Idem.

[20] A reforma agrária e as eleições – MST, 1994.

[21] A. U. Oliveira, op. cit.

[22] Mais detalhes sobre o massacre de Corumbiara, ver A. U. Oliveira, op. cit. e H. A. Mesquita, O massacre de Corumbiara/RO, Tese de Doutorado, FFLCH, USP, 2001.

[23] Fernando Henrique Cardoso, em Palavra do Presidente – 27 de setembro de 1995.

[24] Folha de S.Paulo, 19 abr. 1996.

[25] Segundo os documentos da PM, a tropa sob comando de Oliveira possuía 69 homens com 2 metralhadoras, 1 revólver calibre 38, 10 revólveres calibre 32, 38 fuzis tipo "mosquefal". Já a tropa do coronel Pantoja possuía 85 homens com 8 metralhadoras calibre 9mm, 6 revólveres calibre 38, 1 revólver calibre 32, 28 fuzis, 29 bastões e 14 escudos, além de bombas de efeito moral.

[26] Documento entregue à Procuradoria Geral de Justiça, baseado nos autos do Inquérito Policial Militar, jun. 1996. Sobre o andamento das notícias referentes ao massacre, ver C. A. Feliciano, "Missão Cumprida, ninguém viu nada", em Paisagens, São Paulo, n. 1, 1997, pp. 28-9.

[27] C. A. Feliciano, op. cit.

[28] O setor de Diretos Humanos do MST divulgou uma carta aberta a população explicando o motivo de não participar do julgamento de Eldorado dos Carajás. Mas detalhes, ver pagina do MST na internet (www.mst.org.br), referente ao dia 14 de maio de 2002.

[29] Extraído de manifesto publicado após o termino no julgamento, em 14 de junho de 2002.

[30] R. F. Oliveira, "A propriedade e os sem-terra", em Folha de S.Paulo, 28 abr. 1991, pp. 4-6.

[31] L. C. G. Pinto, op. cit., pp. 65-91.

[32] Mensagem n. 33 de 1964.

[33] J. P. Stédile, Questão agrária no Brasil, São Paulo, Moderna, 1997.

[34] A. U. Oliveira, op. cit., p. 118.

[35] M. P. Goulart, Ministério Público, meio ambiente e questão agrária, s.n.t.

[36] Esse consenso foi tirado de uma reunião entre Ministros da Política Fundiária e da Agricultura, um representante dos proprietários rurais, dirigentes da Contag e do MST, além de Conselheiros do Programa da Comunidade Solidária. O texto na íntegra foi publicado no jornal Folha de S.Paulo em 13 de abril de 1997 e assinado pelo presidente Fernando Henrique Cardoso.

[37] B. Reydon e L. A. Plata, "Intervenção estatal no mercado de terras: a experiência recente no Brasil", em BRASIL, Ministério Desenvolvimento Agrário, Unicamp/CNDRS/Nead, 2000, p. 90.

[38] Conforme Artigo 1º da lei de criação e regulamentação/Lei Complementar n. 93.

[39] A. U. Oliveira, "O que é? Renda da terra", em Revista Orientação, Instituto de Geografia, São Paulo, n. 7, 1986, pp. 77-85.

[40] Segundo estudos realizados por Reydon (2000), no caso de São Paulo, para o ano de 1985, entre os proprietários de mais de 2 mil hectares, 25% pertencem a grupos econômicos. Destes, 37% pertencem a grupos do setor de serviços e entre eles, 80% pertencem a empresas do ramo financeiro.

[41] B. Reydon e L. A. Plata, op. cit., p. 86.

[42] O Fórum é composto pelas seguintes entidades: Abra, Cáritas, Cimi, CNASI, Conic, Contag, CPT, Inesc e MST. Tem realizado uma campanha global pela reforma agrária no Brasil.

[43] Disponível em <www.mst.org.br>.

[44] Mais detalhes, ver T. Andrade, "Três perguntinhas difíceis", em Reforma agrária, São Paulo, Abra, v. 29, n. 1, jan./ago. 1999.

[45] Incra, 2000.

[46] O conceito de desenvolvimento rural sustentável ainda necessita de uma discussão mais detalhada.

[47] BRASIL, Decreto n. 3.508, de 14 de junho de 2000, artigo 9º.

[48] M. Gohn, Mídia, terceiro setor e o MST: impactos sobre o futuro das cidades e do campo; Petrópolis, Vozes, 2000: "de uma forma geral podemos definir a mídia como um conjunto de instituições, negócios ou organizações que produz e transmite informações para determinados públicos – de audiência, leitores, grupos especializados. A mídia inclui jornais, rádio, estações de televisão (canais regulares e a cabo), magazines, boletins, mídia computadorizada 'on line', mídia interativa via computador, filmes e vídeos, e assim por diante".

[49] M. Gohn, op. cit., p. 20.

[50] J. Borin, Entrevista, em Nead/FEA, Brasil Rural – na virada do milênio. Encontro de pesquisadores e jornalistas, São Paulo, 18 a 19 de abril de 2001. Disponível em <http://incra.gov.br>. Acesso em 25 de outubro de 2001.

[51] Idem, ibidem

[52] M. Gohn, op. cit.

[53] A. Touraine, "Os movimentos sociais", em M. M. Forachi e J. S. Martins (orgs.), Sociologia e sociedade, Rio de Janeiro, Livros Técnicos e científicos, 1981, pp. 335-65.

[54] C. Grzybowski, "Movimentos populares rurais no Brasil: desafios e perspectivas", em Stédile (org.), Reforma agrária hoje, Porto Alegre, Ed. da Universidade, UFRGS, 1994, pp. 285-96.

[55] A. U. Oliveira, op. cit., 1996.

[56] A origem dessa expressão surge de um movimento de horticultores da região de Recife organizados pelo Partido Comunista do Brasil, durante sua legalidade na década de 1940.

[57] Bastos, 1984, citado em A. U. Oliveira, op. cit., 1996, p. 23.

[58] A. U. Oliveira, op. cit., 1996. Cf. também *Avaeté, a semente da vingança*, filme que relata esse episódio (direção de Zelito Viana).

[59] T. Balduíno, "A ação da igreja católica e o desenvolvimento rural"(depoimento), em Dossiê Desenvolvimento Rural, USP, IEA, v. 15, n. 43, set./dez. 2001, pp. 9-22.

[60] A. U. Oliveira, op. cit, 1996.

[61] Instituição voltada para os interesses dos grandes proprietários de terras, que usavam todos os métodos possíveis para manter o *status quo* vigente.

[62] E. Oliveira, Banca ruralista na câmara dos deputados: a banca ruralista – legislatura 1999/2002, s.n.t.

[63] Setor de Documentação da CPT/Nacional – abr. 1996.

[64] A. U. Oliveira, op. cit., 1996.

[65] Idem, p. 83.

[66] C. Grzybowski, Os caminhos e descaminhos dos movimentos sociais no campo, Petrópolis, Vozes, 1991.

[67] B. Fernandes, MST: formação e territorialização, São Paulo, Hucitec, 1996.

[68] Idem, ibidem.

[69] Idem, ibidem.

[70] Disponível em <www.mst.org.br>, 1999.

[71] B. Fernandes, op. cit., p. 242.

[72] O programa Você Decide, transmitido pela Rede Globo, abordou o tema da reforma agrária e das invasões de terras.

[73] "Eles chegaram – o que fazer agora?", em Revista Veja, São Paulo, Abril, 23 abr. 1997.

[74] "A seca no Brasil", Palestra proferida no anfiteatro de História da FFLCH/USP, 18 ago. 1998.

[75] F. C. Neves, "Multidões e identidade coletiva: o papel dos saques no nordeste", em Revista Travessias, São Paulo, 1994, p. 25.

[76] A. Zandre, Às claras para todo mundo ver: O movimento dos saques em Pernambuco na seca de 1990-1993, Dissertação de Mestrado, UFPE, 1997.

[77] O conceito de ocupação e suas diferenciadas interpretações serão trabalhados no capítulo seguinte.

[78] Fórum Social Mundial, Porto Alegre – Brasil, janeiro de 2001.

[79] Via Campesina, 2002.

[80] A. U. Oliveira, op. cit., 1996, p. 12.

A GEOGRAFIA DAS OCUPAÇÕES E DO MOVIMENTO CAMPONÊS EM SÃO PAULO

Luta e resistência: ocupações, acampamentos e assentamentos

Os sentidos e desdobramentos de uma ocupação

A ocupação de terras é uma forma de luta da classe camponesa na busca da criação, recriação e reprodução de um modo de vida baseado principalmente na autogestão e na liberdade.

Há diversos sentidos na forma de materialização de uma ocupação, processo que está calcado na tradicionalidade e modernidade da luta camponesa. A tradicionalidade nos remete a uma categoria camponesa por vezes acometida pela violência, expropriação e incompreensão materializada por meio da luta dos posseiros. A modernidade apresenta-se com o acúmulo da experiência camponesa em unir o sentido e significado da ocupação em um componente extremamente político, coerente e ágil, reinventado pela luta dos sem-terra: o acampamento.

O que dissemos não deve permitir a interpretação muito presente quando se fala sobre o campo brasileiro: a dicotomia entre atraso e moderno, retrocesso e prosperidade e similares. Partimos do princípio de que as relações sociais existentes no processo de construção do território no Brasil são calcadas nas contradições e desigualdades constantemente criadas e recriadas no seio da sociedade capitalista. Assim, componentes da luta dos posseiros estão presentes na luta dos sem-terra, sendo o contrário igualmente verdadeiro. Há uma interação nessas relações repleta de significados econômicos, sociais, culturais, espaciais e simbólicos.

Podemos também dizer que há diferenças nas frentes de luta. Segundo Martins:

> [...] entre os sem-terra e os posseiros, embora ambos estejam lutando pela terra, há uma diferença essencial. A luta do posseiro introduz a legitimidade alternativa da posse, contornando a legalidade da propriedade [...] já os sem-

terra, na sua prática, não tem como deixar de questionar a legalidade da propriedade, não podem deixar de considerar ilegítimo, e também iníquo, o que é legal, que é a possibilidade de alguém possuir mais terra do que pode trabalhar, de açambarcar, cercar, um território, não utilizá-lo nem deixar que os outros utilizem, mesmo sob pagamento de renda.[1]

Além desse sentido legal, questionando a propriedade privada da terra exposta por Martins, há também um diferencial geográfico analisado quando Fernandes afirma que:

> [...] os posseiros ocupam terras, predominantemente, nas faixas das frentes de expansão, em áreas de fronteiras. Com o avanço da frente pioneira, ocorre o processo de expropriação desses camponeses, desenvolvido, principalmente pela grilagem de terra, por latifundiários e empresários. Os sem-terra ocupam terras, predominantemente, em regiões onde o capital já se territorializou. Ocupam latifúndios – propriedades capitalistas – terras de negócio e exploração – terras devolutas e ou griladas.[2]

A ocupação, além de apresentar essas diferenças nas frentes de luta camponesas pelo acesso à terra, recentemente adquiriu uma projeção mais político-jurídica sobre sua concepção, devido à repercussão das ações do movimento camponês, representado principalmente pelo MST.

As ocupações de terras realizadas em processo coletivo organizado como forma de luta camponesa ressurgiu no final da década de 1970 e início dos anos 80. A Comissão Pastoral da Terra, que iniciou um processo de sistematização dos conflitos no campo brasileiro, chegou a contabilizar em 1985 cerca de 42 ocupações. Essas ações de cunho organizativo estavam concentradas principalmente na região Centro-Sul do Brasil, sendo o estado do Paraná o maior palco dessas ações coletivas, seguidos de São Paulo e Santa Catarina. Durante o período de 1985 a 2001, o conceito de ocupação conquistou, principalmente por meio da luta dos camponeses, um significado político e geográfico mais abrangente na sociedade capitalista.

Fernandes (2001) discute a ocupação como uma forma de organização decorrente da necessidade de sobrevivência, construída por meio da realidade em que se vive. Pensar nessa perspectiva é colocar os camponeses como sujeitos criadores e definidores de sua própria história no embate teórico e prático com o Estado, os latifundiários e a burguesia agrária.

A decisão em se participar de uma ocupação está ligada, em nosso entendimento, ao sentimento de medo. O medo de ficar e/ou de ir. O medo de não dar certo, de ser estigmatizado, de ocorrerem atos violentos, de não estar preparado, e o medo de ficar nas condições precárias em que se encontra. Mesmo que as reuniões no trabalho de base, como Fernandes (2001) denomina, tenham sido profícuas e conscientizadoras, essa é uma decisão única e individual, da família, mesmo que somente o homem participe inicialmente. É um momento de ruptura com a atual condição, negando sua presença e projetando sua esperança. Talvez seja um dos fatores da desistência de muitas famílias antes de ocuparem uma área ou logo após a sua ocupação.

Um camponês hoje assentado no município de Mirante do Paranapanema/SP relata esse momento de decisão em ocupar ou não:

> [O pai primeiro mandou o filho mais velho em uma reunião para verificar como era essa história de conseguir terra. Segundo o pai, seu filho chegou dizendo]: [...] é pai, lá é um tipo quase que uma invasão, que não é coisa de futuro não, eu não aconselho o pai que vai naquilo não. Mas por que, filho? Ah não, eu vi o homem falando que não tem dia nem hora pra entrar na terra e eu fiquei manjando aquilo e não é coisa certa não [...].
> [O pai desconfiado e curioso sobre essa novidade e após as reuniões pensou]: [...] aí eu fui e falei [pra família], agora é o diabo, eu já tava com 60 anos, rapaz. Bom eu faço um cadastro num nome de um fio e vou. E vim. Conversei com X, abracei o X, abracei a Y, comemos uns peixes frito lá na beira do rio junto com um cara, aí eu cheguei em casa todo alegrão, aí falei pra mulher: o caso lá é sério, eu vou pra lá. Ela [esposa] disse: só se for sozinho, porque G [filho] falou que é uma desgraça de uma invasão, é uma coisa que você vai levando tiro no rabo, como uma desgraça, eu num vou e nem deixo meus filhos ir, só se você for sozinho. Aí eu digo: eu vou.

Mas o que é uma ocupação? Buscando a etimologia da palavra, *ocupar* significa *estar ou ficar na posse, cobrir todo o espaço, ter ou possuir o direito, fazer o uso, aproveitar.*[3] Estendendo esse significado a *ocupação*, pensamos que é uma ação que pode ser individual ou coletiva em questionar e reivindicar um espaço que estava até então em desuso, parado. Estar em desuso não significa que formalmente não haja fazendeiros ou empresas se utilizando desse desuso.

É justamente no momento em que ocorre uma ocupação que o desuso da terra como produto de negócio é questionado e ocorre o embate político com relação à sua legitimidade.

As divergências político-jurídicas com relação a esse processo iniciam-se desde sua forma de concepção. O termo *ocupação* é empregado pelos camponeses e sua base de apoio e sustentação, como a Igreja, partidos políticos, ONGs, outros movimentos sociais etc. O termo *invasão* é utilizado por aqueles que vêem essa forma de luta como um ato ilícito, criminoso e ilegal. É o momento inicial do embate entre as divergências de posicionamento dos segmentos envolvidos. O uso e poder da mídia, por exemplo, acabam por dispersar para a grande massa da população uma concepção carregada de preconceitos e desinformações. Geralmente, vê-se os noticiários tratar essas ações dos movimentos como invasão, ferindo o direito de propriedade.

Apesar de também apresentar divergências juridicamente, na prática o que em geral prevalece é o uso do termo invasão, relacionado a um crime denominado de esbulho possessório. Isso demonstra que o espaço legal é coeso em se tratando de questionamento das estruturas de poder.

A alegação principal dos "proprietários" dos imóveis, nas ações de retomada da posse encaminhadas ao juiz da comarca que lhe é circundante, diz respeito à acusação dos invasores pelo ato ilegal tipificado no artigo 161, parágrafo 1°, inciso II, do Código Penal:

> Esbulho possessório
> Sobre alteração de limites
> Art. 161 Suprimir ou deslocar tapume, marco, ou qualquer outro sinal indicativo de linha divisória, para apropriar-se, no todo ou em parte, de coisa imóvel alheia. Pena: detenção, de um a seis meses e multa.
> § 1° [...]
> II – Na mesma pena incorre quem: invade, com violência à pessoa ou grave ameaça, ou mediante concurso de mais de duas pessoas, terreno ou edifício alheio, para o fim de esbulho possessório.

Mas as rupturas e contradições existentes na sociedade também ganham reflexo no âmbito jurídico. Para a professora de Direito Agrário da Unesp de Franca, Elisabete Maniglia (2000), a invasão não pode ser considerada crime. Mesmo que se use o termo invasão:

> [...] não pode-se considerar o ato como um crime, pois não se configura nos três níveis descritos para configuração de delito: tipicidade, ilicitude e culpabilidade; falta na vontade do agente, a culpabilidade, que não é de quem pratica o tipo e, sim de quem promove a situação de desigualdade da terra.[4]

Assim como a correlação de forças é desigual para os camponeses em suas ações, as interpretações da Constituição, do Código Civil e Penal por juristas e advogados como uma ótica pluralista e compreendedora dos processos históricos da formação do Brasil também manifesta disparidades.

O movimento camponês, em sua prática, elaborou coletivamente um processo de recriação do campesinato por meio das ocupações de terras. Essa é a tese defendida por Fernandes (1999), dando o sentido da ocupação como forma de acesso à terra. Procurando entender os processos de desenvolvimento da ocupação de terras, esse autor trabalha com as expressões "tipos" e "formas" de ocupação. Tipos estariam relacionados à propriedade da terra, podendo ser capitalista, pública e de organizações não governamentais; e formas referem-se à organização das famílias e às modalidades de experiência que constroem.

Segundo essa tese, as ocupações podem ser: espontâneas e isoladas, organizadas e isoladas, organizadas e espacializadas e por movimentos isolados e territorializados.

As referências adotadas por Fernandes para a distinção entre as formas de movimento são tomadas a partir da organização social e o espaço geográfico. Os movimentos isolados são organizados em uma base territorial determinada. O movimento social territorializado ou socioterritorial está organizado em diferentes lugares ao mesmo tempo, ação possibilitada por sua forma de organização, por meio de movimento social ou movimento sindical.

Com relação aos tipos de ocupações, Fernandes expõe:

- as *ocupações espontâneas e isoladas* aconteceriam por pequenos grupos numa ação singular de sobrevivência, sem configurar uma forma de organização social. Podem transformar-se em movimento isolado.
- as *ocupações isoladas e organizadas* acontecem com a organização de um ou mais movimentos isolados, podendo ocorrer em pequenos ou grandes grupos. Abre a possibilidade de se formarem como movimento antes da ocupação. A tendência desse tipo de ocupação é acabar quando alcança seu objetivo ou transformar-se em movimento territorializado.
- e as *ocupações organizadas e espacializadas* são experiências de luta trazidas de outras experiências e de outros lugares. Estão contidas em um projeto político mais amplo.

Procuramos entender a ocupação como diferentes formas da luta camponesa independentemente de seu tipo de movimento. Analisamos as ocupações a partir do conceito de diversidade do movimento camponês. Este, sim, geral, nacional e internacional. A questão não é negar a existência das diferenças nas formas de organização social e espacial dos movimentos, ao contrário, é não se fechar a processos de diferenciações, fazendo lembrar os do campesinato.

Pensamos também que há um movimento camponês em processo de luta. Este pode ser local, regional, nacional e internacional, dependendo das correlações de forças, das conjunturas e das formas e uso da organização social. Por enquanto, pretendemos entender esse contexto da luta camponesa como um processo de conscientização, independentemente se irá tornar-se um movimento global ou se irá acabar no dia seguinte à sua ocupação.

Como mostra a realidade, há casos também em que um movimento territorializado ou socioterritorial deixa de existir, mas seu desaparecimento não significa o fim da luta: ela ressurge de outra maneira, inesperada. Assim, os camponeses nos revelam que sua lógica e estratégia são bem mais complexas do que pensamos e que ainda nos trarão muitas surpresas.

As ações coletivas dos camponeses sem-terra, incluindo as ocupações, além de possuir um sentido imediato e literal, apresentam outros significados interpretativos. O sentido da ocupação como ação contestadora também se dá na esfera política e simbólica. Os camponeses, ao ocuparem um imóvel improdutivo ou devoluto, estão materializando a sua indignação e reivindicação. *Ocupam* e *lutam* no espaço político quando iniciam as negociações com Estado principalmente por meio do Incra ou dos institutos de terras. *Ocupam* e *lutam* com o poder local, nas reivindicações básicas como transporte escolar, abastecimento de água, segurança etc. *Ocupam* e *lutam* no espaço legal, quando são envolvidos em ações de reintegrações de posse, acordos judiciais de permanência por determinado tempo. *Ocupam* e *lutam* no espaço simbólico, buscando apoio da sociedade, dos partidos políticos, das organizações religiosas, lutando para estarem presentes nos noticiários locais, regionais, e não deixar que o processo de luta seja esquecido.

Portanto, o processo de ocupação, em seu sentido dimensionado, não possui fronteiras, mas sim barreiras. No entanto, barreiras são derrubadas.

Como já mencionado, a decisão de ocupar está intimamente ligada a uma posição individual. Mas o momento em que ocorre ultrapassa essa esfera e quando muito o próprio grupo. Com o passar das ações e adquiridas e acumuladas experiências pelo movimento camponês, dependendo do grupo e de sua dimensão, as informações sobre onde, como e quando será feita uma ocupação ficam restritas somente às lideranças.

Isso é compreensível e preocupante. Primeiro, porque assim como o movimento camponês acumula experiências e estratégias, também acumula inimizades e adversários. Muitas de suas ações são acompanhadas por interesseiros, imediatistas ou agentes especializados, infiltrados a mando de fazendeiros, da polícia militar, ou da agência do governo federal.

A preocupação é de que não há nesse processo uma relação de igualdade (somente algumas pessoas possuem essas informações), o que pode gerar uma relação de dependência e desconfiança de ambas as partes. Alguns acampamentos no estado de São Paulo se depararam com esse tipo de relação, o que enfraquece o movimento camponês.

Isso nos faz pensar que os locais de socialização política, e seu multidimensionamento nos espaços comunicativos, interativos e de luta e resistência, trabalhados por Tarelho (1988) e aprofundado por Fernandes (1996), compreendiam um momento histórico determinado na luta camponesa e que atualmente, sozinhos, não dão conta da complexidade de relações estabelecidas e vivenciadas pelo movimento camponês. Talvez a alteração desse processo tenha fundamento na própria reavaliação camponesa em seu processo de luta.

Foi com esse cenário que nos deparamos quando começaram as viagens aos acampamentos no estado de São Paulo. Observamos que a única unidade da luta camponesa era seu processo constante na capacidade de mudança.

Acampamento: organização e estratégia de luta camponesa

Os estudos realizados na geografia direcionados para a questão agrária e em especial para os movimentos sociais no campo raramente debruçam-se sobre um momento importante do campesinato em processo de luta, que são os acampamentos rurais.

Para Fernandes:

> [...] os acampamentos são espaços e tempos de transição na luta pela terra. São, por conseguinte, realidades em transformação. São uma forma de materialização dos sem-terra e trazem em si os principais elementos organizacionais do movimento. Predominantemente, são resultados de ocupações.[5]

Enquanto Turatti, partindo de uma visão antropológica, interpreta o acampamento como:

> [...] uma passagem que poderíamos considerar como adaptatória para um grupo que em breve se transformará em grupo de vizinhança permanente. Para os acampados, representa receber uma nova condição, a de ser sem-terra, significada no interior dessa coletividade inédita a que eles passam a pertencer. É o momento de re-significar valores, moldando-se à nova realidade, aprofundando-se na nova tarefa de enfrentamento com o poder estabelecido e construindo expectativas para a estabilidade que virá.[6]

Em dezembro de 2002, somente no estado de São Paulo havia cerca de 4.200 famílias de camponeses sem-terra acampadas. Considerando uma média de 4 pessoas por família pode-se chegar a um número de 16.800 acampados lutando por uma fração do território capitalista.

A maioria dessas famílias estavam acampadas há mais de três anos, o que faz pensar sobre a noção de tempo de transição e passagem adaptatória. A questão do tempo no e do acampamento, pelas observações de viagens, nos faz iniciar um levantamento de algumas questões sobre sua transitoriedade.

Qual o tempo necessário para se considerar que o acampamento é uma realidade em transformação? Até que ponto um espaço de luta e resistência consegue se manter como unidade de luta camponesa? Pode-se pensar esse momento, como um elemento do movimento camponês baseado na vulnerabilidade espacial, mas com consistência social? Pensamos o termo vulnerabilidade espacial, no sentido literal de sua concretude. As famílias camponesas, de fato, não sabem se irão permanecer e por quanto tempo continuarão naquela área, e também se aquele lugar, em algum momento, será a fonte do seu trabalho. Como essa indefinição está presente em todo momento, as famílias começam a criar afinidades e relações de comunidade no acampamento. Muitas vezes acabam ordenando a composição territorial com seus pertences e sua história. Isso é revelado pelo jardim na frente de alguns barracos, o aumento do barraco com a vinda de outros componentes da família ou uma varanda que aparece ao lado. Aprendem construir um modo de vida diferenciado, perdido entre o passado como negação e o futuro como transformação.

A consistência social apresenta a formação de uma identidade própria do grupo para além da categoria ampla que é ser sem-terra. Nas regiões visitadas, os acampados possuíam uma identidade com o local do acampamento, que tinha geralmente um significado geográfico e simbólico.

Como um grupo que estava acampado no horto florestal Tapuias, no município de Rincão, e migrou para o município de Andradina com a intenção de obter terra com mais rapidez, uma vez que o Estado estava realizando vistorias a fim de desapropriação de fazendas nessa região. Ao chegar ao município, essas quarenta famílias eram identificadas e também se auto-identificaram como os "sem-terra do horto de Rincão". Trouxeram consigo todo um universo simbólico vivido e construído em outro espaço de luta, onde os camponeses criaram uma identidade como grupo. Então, são os sem-terra de Rincão, de São Carlos, do horto, de Iaras, da Fazenda Santa Maria, da estação experimental de São Simão etc. O acampamento acaba se transformando em um centro de espaços de luta e resistência camponesa, centrados na mobilidade.

A localização do acampamento define-se de acordo com o desenvolvimento da luta. No início das ocupações, principalmente na década de 1980 até meados de 1990, a primeira ação dos camponeses sem-terra era acampar dentro da fazenda improdutiva ou devoluta. No entanto, geralmente, após a formação do acampamento, aparecia uma ordem de despejo movida pelos fazendeiros ou pelo Estado. Durante longo tempo manteve-se a prática da ocupação seguida por despejo em sucessivas vezes.

A Medida Provisória n. 2.109-49, de 27 de fevereiro de 2001, editada pelo governo FHC, estabeleceu como punição aos movimentos camponeses a não-realização dos laudos de vistoria nos imóveis ocupados. A principal estratégia dos acampados momentaneamente sofre um recuo, diante dessa medida adotada pelo Estado e sustentada pelo Poder Judiciário.

A partir dessa reação governamental, alguns movimentos mudaram a estratégia de luta. Alguns começaram a ocupar propriedades produtivas, geralmente limítrofes às improdutivas, questionando a legitimidade da área vizinha. No entanto, outros movimentos menosprezaram propositadamente essa medida do governo e continuaram a ocupar as fazendas. Também há aqueles acampados nas beiras de estrada ou em alguma área cedida por aliados ou simpatizantes ao grupo.

A partir do momento em que as fazendas são ocupadas, logo aparecem donos de direito das terras que de fato não tinham dono. E na maioria das vezes, ao lado do proprietário, surgem os "seguranças" da propriedade. Assim, o impasse está configurado. Na fazenda que antes era improdutiva já se podem ver algumas cabeças de gado. Assim como as cabeças de gado "brotam" repentinamente pelos pastos da fazenda, arrendatários iniciam contratos com os fazendeiros para assim desestimular e pressionar as famílias acampadas. Esse artifício não serve para impedir a desapropriação da fazenda, é mais uma punição às famílias por "incitar a desordem" na região.

Os acampamentos rurais sempre são vistos como algo incômodo, que interfere nas situações já estabelecidas da sociedade local, regional e até nacional. Em algum momento, o Estado deve se manifestar e, na maioria das vezes, seu posicionamento volta-se para garantir a manutenção do *status quo*. Mesmo quando se posiciona a favor dos fazendeiros, é responsabilidade do Estado o destino dessas famílias. Não basta apenas despejá-las de uma área para outra, sabe-se que assim estar-se-á apenas protelando uma resolução. Trata-se até de uma estratégia de atuação. E é pelo fato de os movimentos sempre estarem pressionando e reivindicando que conseguem atuações pontuais do Estado.

Os acampamentos podem estar localizados dentro ou fora da propriedade reivindicada, na beira de uma rodovia, entre a rodovia e a cerca da fazenda, em estações experimentais, hortos desativados, no lote de um sitiante simpatizante do movimento, dentro da área de reserva da fazenda ou de um assentamento que esteja próximo da área reivindicada. O lugar onde estarão acampados dependerá do conhecimento pré-adquirido sobre a situação dominial da terra (se é particular, devoluta, pública federal ou estadual), da forma como os fazendeiros e o Estado atuarão perante a primeira ocupação e da conjuntura e correlações de força.

Como disse Fernandes (1999), à primeira vista os acampamentos podem parecer um aglomerado de barracos desorganizados. Mas há uma lógica na organização espacial. Configuram-se, às vezes, em *forma circular*, sendo o centro do círculo o local onde se faz as assembléias e reuniões; em *formatos lineares*, acompanhando a cerca da fazenda ou a rodovia ou a hidrografia, dispersos ou aglomerados; e em *forma de tabuleiro de xadrez*, fazendo lembrar da estrutura de quadras ou quarteirões existentes na maioria das áreas urbanas. Quando estão dentro da propriedade, muitas vezes procuram um local estratégico, podendo estar no fundo de vale, próximo a um córrego ou em um espigão (ver Figuras 01, 02 e 03).

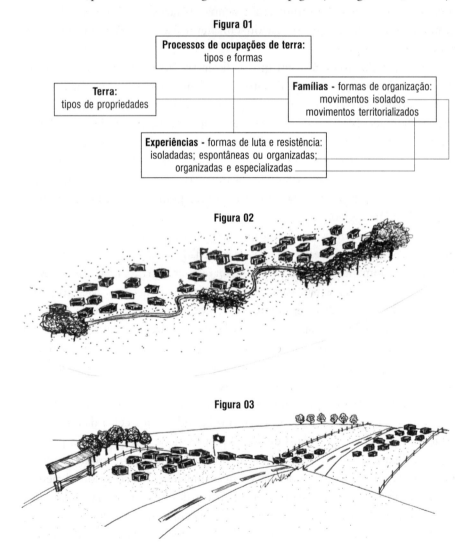

Estratégias de proteção e resistência também são desenvolvidas nesse momento de conflito. O acampamento sempre é um alvo fácil, pois em geral está distante dos centros urbanos e bem próximo de seu "inimigo" em potencial. Em alguns acampamentos, as famílias fazem buracos embaixo da cama para garantirem a vida, quando tiros são disparados durante a noite, próximo aos barracos. O bom e fiel "companheiro do homem", o cachorro, também é utilizado como uma estratégia quando o perigo de algum conflito ronda o acampamento. Os latidos caninos são sinais constantes de que pessoas não conhecidas estão vigiando ou se aproximando do acampamento. Há também camponeses que ficam de guarda durante o período noturno. A chegada da noite é o pior dos momentos, é a hora em que a fragilidade e a tensão do acampamento se acirram. Como a noite cai, não se sabe quem pode chegar com a escuridão.

Quando um acampamento é formado, demonstra que há algum tipo de irregularidade na área ocupada. Pode ser que essa irregularidade não seja suficiente para uma desapropriação, aos olhos da justiça e do Estado, mas com certeza a ocupação está questionando e colocando para a sociedade fatos e indícios de que tal área não está cumprindo sua finalidade ou função social.

Assentamento rural: a geografia da unidade camponesa

O assentamento é o ponto de chegada da luta camponesa no acesso à terra e, ao mesmo tempo, seu ponto de partida em um processo contínuo de luta para a afirmação de sua sobrevivência e reprodução como classe social.

Iniciar um processo de discussão sobre a geografia dos assentamentos rurais no Brasil é acender um debate profundo, complexo, abrangente e diversificado. Pode-se entender o assentamento em seus vários aspectos: vias de transporte, circulação de mercadorias, ensino, produção e modo de produzir, relações entre Estado e movimentos sociais, enfim, abre-se uma série de possibilidades.

Necessitamos estabelecer, então, qual nossa compreensão sobre o significado de "assentamento rural". Essa categoria é hoje nacional e internacionalmente conhecida devido à projeção das lutas camponesas, e requer uma interpretação e formulação mais consistente.

Há algumas interpretações sobre o significado da palavra *assentamento*: No *Dicionário Aurélio* temos como significado: "1) o ato ou efeito de assentar(-se). 2) assento, lançamento [...]" que vem do verbo *assentar*: "[...] pôr sobre, fazer sentar-se ou assentar-se; sentar; colocar ou dispor de modo que fique seguro. 3) armar, instalar. 4) estabelecer, fixar, firmar. 5) determinar, estipular. 6) decidir, resolver, deliberar [...]". Podemos entender nesse contexto que assentamento é algo que alguém faz pelo outro ou a pessoa mesma faz para si, ou seja, tem duplo agente.

Esse termo surgiu por volta de 1960, nas discussões acerca da reforma agrária venezuelana e se difundiu pelas áreas jurídicas e sociológicas. Os assentamentos podem ser entendidos, de uma forma geral, como:

> [...] a [criação de novas unidades de produção agrícola], por meio de políticas governamentais visando o [reordenamento do uso da terra], em benefício de trabalhadores rurais sem-terra ou com pouca terra. Como seu significado remete à [fixação do trabalhador na agricultura], envolve também a disponibilidade de condições adequadas para o uso da terra e o incentivo à organização social e à vida comunitária.[7]

Diante dessa interpretação, entende-se que é uma política pública voltada para a fixação do homem ao campo. Política essa que só foi implantada devido às pressões e reivindicações de anos de lutas dos camponeses e não como um ato próprio de desenvolvimento econômico. Implantando um assentamento, cria-se então uma unidade de produção agrícola e reordena-se a configuração do uso da terra local, regional e nacional. Partindo desses pressupostos, entendemos que instaura uma espécie de geografia das unidades de produção camponesas, uma vez que, essencialmente, o trabalho nesses assentamentos é majoritariamente de composição familiar, carregando consigo todo universo simbólico e elementos estruturais de sua produção.

Após denúncias do MST, da CPT e outras organização sociais, com relação aos números manipulados e aos critérios, conceito e etapas de um projeto de assentamento rural, em 2001, o Ministério do Desenvolvimento Agrário baixou a Portaria n. 80, de 24 de abril de 2002, determinando denominações e conceitos orientadores dos assentamentos do Programa Nacional de Reforma Agrária, como segue um trecho:

> Assentamento – Unidade territorial obtida pelo Programa de Reforma Agrária do Governo Federal, ou em parceria com Estados ou Municípios, por desapropriação; arrecadação de terras públicas; aquisição direta; doação; reversão ao patrimônio público, ou por financiamento de créditos fundiários, para receber em várias etapas, indivíduos selecionados pelos programas de acesso a terra.

Para Fernandes, os assentamentos rurais são frações do território capitalista conquistadas pelos trabalhadores rurais e o processo de se conquistar mais frações é denominado de territorialização da luta pela terra:

> [...] a territorialização da luta pela terra é compreendida como o processo de conquistas de frações do território pelo Movimento dos Trabalhadores Rurais

> Sem-Terra e por outros movimentos sociais [...] assim a territorialização expressa concretamente o resultado das conquistas da luta e, ao mesmo tempo, apresenta novos desafios a superar.[8]

Podemos então pensar a seguinte formulação: os assentamentos rurais podem ser entendidos como materialização da luta dos camponeses que foram anteriormente expropriados da terra e que pela organização e estratégias pressionaram o Estado, por meio das ocupações e acampamentos, a implantar uma política localizada de unidades de produção, baseadas no trabalho familiar. Esse resultado, que vai se territorializando por outras frações do território, transforma e reordena o uso da terra no Brasil. Uma reordenação que passa e materializa os preceitos e valores de uma relação de produção não capitalista. Com isso, o processo capitalista, contraditoriamente, cria e recria as unidades camponesas no Brasil, nesse caso pela implantação de projetos de assentamentos rurais.

Os projetos de assentamentos rurais, quando começam a ser implantados, necessitam legalmente de auxílio de técnicos do governo para sua elaboração. Nesse momento, é possível reivindicar os créditos de financiamento, produção, infra-estrutura etc. A decisão com relação à forma e ordenamento territorial do assentamento deve contemplar os anseios da comunidade envolvida, sendo portanto nessa ocasião que as idealizações, os sonhos e conflitos, muito discutidos no acampamento, devem ser colocados em prática.

Silva (1991) fez um esforço de sistematizar os tipos básicos de assentamentos rurais apresentando-os como: assentamentos associativos ou explorações comunitárias; assentamentos suburbanos ou agrovilas; assentamentos extrativistas ou reservas extrativistas e assentamentos individuais ou explorações parceladas.

Decidir por uma forma de projeto de assentamento é decidir sobre o ordenamento de uma comunidade. Uma definição no início do projeto não garante que essa comunidade vá o manter perfil implantado pelo Estado. A partir das relações sociais e espaciais nela vivenciadas, a configuração desses lotes pode se transformar em sítios camponeses, como estudou Bombardi (2000).

Movimento camponês moderno

A formação do MST no estado de São Paulo

A origem do MST no estado de São Paulo remete a 1979, com a resistência dos posseiros da Fazenda Primavera, nos municípios de Andradina, Castilho e Nova Independência. Em outras regiões do estado também aconteciam movimentações de resistência e luta pela terra.

A resistência dessa ampla gama de camponeses advém do processo de desenvolvimento e expansão do capitalismo no campo. O estado de São Paulo foi cenário dessas transformações com a intensificação do processo de industrialização, a modernização da agricultura e a expropriação e exploração dos camponeses.

A partir dessas dificuldades, os trabalhadores resgatam o processo histórico de resistência camponesa e recriam um novo modo de enfrentamento por meio da ocupação, como já exposto.

Em 1980, a fazenda Primavera foi a primeira área conquistada por trabalhadores rurais no estado de São Paulo, nesse período recente. A partir dessa conquista, ocorreu um processo de territorialização da luta pela terra e assim surgiram vários movimentos camponeses que aderiam a essa estratégia: o Movimento dos Sem-Terra do Oeste do Estado de São Paulo, o Movimento dos Sem-Terra de Sumaré, trabalhadores Sem-Terra do Pontal do Paranapanema etc.

Instituições como a Igreja (por meio das Comunidades Eclesiais de Base-CEBs), os partidos políticos (em especial PT e PMDB), os sindicatos dos trabalhadores rurais, a Central Única dos Trabalhadores (CUT) e a Federação dos Trabalhadores na Agricultura do Estado de São Paulo (Fetaesp) auxiliaram e organizaram muitas dessas lutas. Isso talvez seja o reflexo das diferentes características na formação do movimento camponês no estado de São Paulo.

A CPT foi a principal articuladora em todo esse processo e teve papel fundamental para a formação do MST, por meio das ações das CEBs.

As CEBs surgiram no final da década de 1960 e os camponeses as tinham como *locus* das discussões e reflexões acerca da sua realidade. Os agentes das pastorais eram considerados mediadores pedagógicos dessas discussões sobre a política agropecuária excludente e a realidade vivenciada pelas famílias.

Fernandes considera as CEBs o lugar social e o espaço de socialização política:

> As CEBs tornaram-se lugares de reflexão, o espaço de socialização política, onde o objetivo do trabalho pastoral era a conscientização acerca da realidade dos participantes. Esses lugares são transformados em [espaços de liberdade], uma vez que ali se podia falar, ouvir e pensar. Dessa maneira, por meio da ampliação desse processo pedagógico, em que os sujeitos refletiam a respeito de suas histórias, também começaram-se a articular ações de resistência contra as injustiças.
>
> [...] as comunidades deixavam de ser apenas o lugar onde os fiéis iam a procura de *paz* para se tornar um espaço de reflexão e de opções pessoais e coletivas a respeito da vida.[9]

Esse espaço de socialização política nas CEBs passa por três momentos distintos, mas indissociáveis. O primeiro é o comunicativo, seguido do interativo e do espaço de luta e resistência. Em um primeiro momento, os camponeses se conhecem e se deixam conhecer, por meio da comunicação, das conversas do dia-a-dia, das prosas etc.

> Os seus significados são a informação, a reflexão e a ação como atividades interativas, com o objetivo de transformar a realidade dos sujeitos envolvidos, por meio da luta no âmbito das relações sociais. O conteúdo do espaço comunicativo é então definido pela perspectiva das ações políticas dos sujeitos, por intermédio de sua práxis, organizados num processo pedagógico de desenvolvimento do conhecimento de suas histórias e de seus interesses. [10]

Partindo dessa organização, os camponeses, depois de um processo de se conhecer e reconhecer-se no outro, refletem sobre sua realidade, acumulam uma conscientização política, ampliando seu questionamento e direcionando reivindicações, no âmago dos seus direitos como cidadãos. Fernandes denomina esse momento de espaço interativo: "É um estágio mais avançado do processo de luta em que os sujeitos em movimento, no processo de organização, já possuem o conhecimento crítico de sua realidade e a consciência da possibilidade da ação". [11]

Chegando a esse ponto, os camponeses ocupam. Ocupam porque sabem de seus direitos; do caráter concentrador de terra, das injustiças do latifúndio e do capitalismo. Caminham, então, para o espaço de luta e resistência.

Acreditamos que até 1989 o MST apresentava essa forma de organização no estado de São Paulo: com a ajuda das CEBs, os trabalhadores sem-terra só entravam para ocupar a fazenda assim que estivessem preparados e possuíssem uma forma de organização que caminhasse pelos espaços de socialização política citados anteriormente. Além disso, o número de famílias camponesas que participavam das reuniões e estavam cientes do enfrentamento e das dificuldades era bem reduzido.

Como já mencionado, após o 1º Congresso Nacional dos Trabalhadores Rurais Sem-Terra, realizado em Curitiba no ano de 1984, o movimento explicita e tira como um de seus princípios a autonomia.

No processo de formação do MST no estado de São Paulo começavam a ficar nítidos os princípios e a força organizativa dos trabalhadores como sujeitos de sua própria história. Em um episódio de 1983, os trabalhadores começaram a questionar o posicionamento dos sindicatos dos trabalhadores rurais e da Fetaesp ao se omitirem no enfrentamento das lutas e também não apresentando firmeza e representação quando das reuniões da Campanha pela Reforma Agrária.

Após a o 5º Encontro Nacional, realizado em 1989, a luta pela terra no Brasil começou a adquirir uma dimensão política de muito clara e o estado de

|117|

São Paulo também foi influenciado por esse direcionamento. As razões pelas quais foram adotadas essas diretrizes, segundo Fernandes, foram:

> [...] as ocupações com um pequeno número de famílias não conseguiam mais chamar a atenção da mídia e do Estado.
> - com o aumento do número de famílias na luta pela terra, era necessário criar vários grupos e a sua formação exigia muito tempo e pessoal formado para esse fim, o que era uma grande dificuldade;
> - com a massificação não era mais possível criar o espaço interativo, onde se desenvolvia a discussão para a socialização política do processo de luta.[12]

É inegável a importância da capacidade de pressão dessas grandes ocupações, porém pode ser preocupante. Fato que exemplifica isso ocorreu quando as 47 famílias de trabalhadores sem-terra da região de Sumaré, em 1983, decidiram ocupar a terra, sabendo dos problemas que poderiam surgir, porém conheciam todos seus amigos de luta assim como suas trajetórias, estando também politicamente preparados. Agora, de que maneira preparar e formar mil famílias, como já aconteceu e vem acontecendo no Pontal do Paranapanema? Como fica a criação do espaço de socialização política? O acampamento é o momento ideal para construir esse espaço? Essas diferentes políticas de atuação podem ser entendidas como uma estratégia camponesa em cada região do estado de São Paulo?

Formou-se dessa maneira desencontrada, não por indefinição, mas como estratégia unida e única e com lógica própria, o movimento camponês, em especial o MST, em São Paulo, até o início dos anos 90. Disseminando a novidade, criando e reformulando estratégias a partir do caminhar na luta, conseguiram, e estão conseguindo lentamente, uma fração do território para que possam utilizá-lo de acordo com suas possibilidades e necessidades.

As mudanças ocorridas no processo de luta do movimento camponês e de socialização política, nos espaços interativo, comunicativo e de luta e resistência, ampliaram o leque de observação dos pesquisadores.

O estudo realizado por Fernandes (1996) consistiu em analisar a formação Movimento dos Trabalhadores Rurais Sem-Terra no estado de São Paulo. A periodização utilizada em seu trabalho correspondeu a dos momentos do MST: no período de 1979/80 até 1985/86, que é a base de sustentação do movimento, e entre 1985/86-1995/96, em que o processo de territorialização e espacialização do MST entrou no cenário político do país como caráter organizativo.

Existiram, porém, diversas frentes e formas de luta camponesa dentro da própria frente de luta dos sem-terra no estado de São Paulo. O que buscamos primeiro é saber onde estavam localizadas as ocupações de terras realizadas que findaram na formação de um acampamento. Para isso foi inevitável realizar um mapeamento mental de sua configuração. Segundo a CPT, no ano de 1997 ocorreram 39 ocupações de terras no estado de São Paulo. Quando falarmos em ocupação, tal fato não significa que irá se formar um acampamento, embora isso tivesse ocorrido na maioria das vezes.

No processo de ocupação, podem ocorrer vários desdobramentos, como, por exemplo, entrar em local ou fazenda que não era para ser ocupada e logo em seguida sair. Ou então iniciar um processo de ocupação em uma área onde o fazendeiro entrou com uma ação de interdito proibitório, que garante ou abre precedentes em defesa da propriedade, ou quando há uma resistência armada dos fazendeiros que dispõem de segurança patrimonial etc. A ocupação só se efetiva em acampamento quando o grupo tem todas as informações e condições ideais para sua realização e materialização. Ocupar pode ganhar múltiplos sentidos dependendo da estratégia traçada pelos camponeses na hora no processo organizativo.

De antemão, os números elaborados pela Comissão Pastoral refletem ações de ocupação realizadas pelos movimentos camponeses. Como análise primeira, procuramos identificar aquelas realizadas por um dos movimentos camponeses de destaque na luta pela terra: o MST.

Somente no ano de 1997, o MST realizou ocupações de terras em 12 municípios do estado de São Paulo, sendo eles: Barretos, Tremembé, Itapetininga, Itapeva, Itaberá, Muritinga do Sul, Guaraçaí, Euclides da Cunha, Mirante do Paranapanema, Rancharia, Caiuá e Álvares Machado. Em alguns desses municípios ocorreram mais de uma ocupação, como é o caso de Mirante do Paranapanema, Itapetininga, Caiuá e Álvares Machado.

A primeira ocupação na região do Pontal nesse ano aconteceu no município de Euclides da Cunha, onde cinqüenta famílias camponesas acamparam em frente à fazenda Porto Letícia, de propriedade de Benedito Carlos Mano. As famílias montaram um acampamento de forma linear margeando a entrada da fazenda. O fato de não se posicionarem dentro da propriedade naquele momento apresentou uma estratégia do movimento para não entrar em choque com o Estado e o proprietário, uma vez que estava acontecendo uma negociação para sua arrecadação.

Devido à lentidão no processo de arrecadação, as famílias decidiram ocupar uma outra fazenda em 14 de setembro de 1997, a Santa Tereza. Da formação do grupo em 19 de junho de 1996, quando ficaram acampados no trevo do município de Euclides da Cunha, até o assentamento em junho de 2000, esse grupo passou por um processo muito comum e presente na história do campesinato, a migração. Nesse tempo de caminhada, criaram uma identidade demonstrada em sua última permanência temporária durante o acampamento.

Nesse caminhar, os camponeses se apresentavam para a sociedade como sem-terra, mas não mais do MST. Isso ficou nítido em um impasse em 2000, quando firmaram acampamento em frente à fazenda Nova Esperança II, que já estava sendo reivindicada pelo MST. Como a fazenda tinha sido julgada devoluta em primeira instância e as negociações entre fazendeiro e Estado estavam em andamento, os grupos acampados realizaram o seguinte acordo: uma parte das famílias (15) iria para o projeto de assentamento na Nova Esperança III e uma outra parte (14) se integraria ao MST para participar do projeto de assentamento na fazenda Nova Esperança II. Somente três famílias decidiram não seguir na caminhada em conjunto com o grupo.

Inicialmente, a postura dessas três famílias causou estranheza. Parecia rivalidade, falta de conscientização ou algo parecido. Mas tentando observar em uma perspectiva ampla, esse fato vai ao encontro do cerne da conquista aprendida na luta pela mudança, a busca de conduzir seu próprio caminho. No entanto, houve algo maior nessa ação; subentendeu-se que para entrar na terra era necessário passar necessariamente pela liberação ou aceitação do outro. Nesse caso, pensamos que as três famílias camponesas optaram por não entrar na terra por meio desse acordo para não entrar como dependente da decisão de alguém.

Touraine tem uma passagem em que relata o processo de consciência como um sentido para os atores envolvidos no movimento:

> [...] as condutas ligadas às relações de classes e à participação no sistema de ação histórica só podem ser compreendidas como sendo orientadas, tendo um sentido para o próprio ator, enquanto ele age neste nível da realidade social. O ator não é trabalhado por uma estrutura social e esta também não o é o resultado das intenções do ator. Estrutura e ação podem ser dissociadas, pois é em termos de relações sociais que devem ser expressas.[13]

Por fim, as três famílias acabaram seguindo pela estrada e, em 2 de junho de 2000, a área foi destinada para o assentamento das outras famílias.

As outras ocupações do MST no Pontal do Paranapanema ocorreram em Rancharia, Caiuá, Mirante do Paranapanema e Álvares Machado. Em Rancharia, um grupo de quarenta famílias provindas de municípios da região e organizadas pelo MST ocuparam, em 14 de janeiro de 1997, a fazenda Rodeio, de propriedade do fazendeiro Hercelito Macedo, que já tinha sido negociada pelo Incra e somente em dezembro do mesmo ano transformou-se em assentamento. O que geralmente "ouve-se ao vento" é que, quando o fazendeiro negocia ou é porque tem alguma irregularidade em suas terras (jurídica, improdutiva etc.) ou porque não quer se tornar vizinho de sem-terra.

A GEOGRAFIA DAS OCUPAÇÕES E DO MOVIMENTO CAMPONÊS EM SÃO PAULO

Um episódio que vem se tornando cada vez mais comum na região do Pontal do Paranapanema são as decisões e posições do Poder Judiciário. O caso de uma ocupação realizada em 16 de dezembro de 1997 é um exemplo do abuso da autoridade por parte do Poder Judiciário, de um lado, e da tradicional manutenção de poder decisório, de outro. Aproximadamente cinqüenta famílias ocuparam a fazenda Natal, de propriedade de Armando Alves. Imediatamente, os advogados do proprietário entram com pedido de liminar de reintegração de posse, com a "solicitação" de manter os sem-terra afastados 20 km da fazenda. Em 18 de dezembro, as famílias são notificadas da ação deferida pelo juiz Luiz Antonio de Campos Júnior, da Comarca da Presidente Epitácio, determinando que deveriam sair da fazenda, mantendo-se a uma distância de 20 km, como medida de proteção e manutenção dos direitos de propriedade do fazendeiro.

Casos como esses são corriqueiros na vida dos camponeses sem-terra. Uma brutal cotidianidade baseada sempre na proibição de nunca poder estar em algum lugar. Isso sem falar do abuso da autoridade em decidir que no raio de 20 km da propriedade é a área que os sem-terra podem estar. Já não basta a estrutura fundiária que os exclui, agora são as sentenças que ampliam a exclusão territorial.

A ocupação que ocorreu em Mirante do Paranapanema contou com a participação de 140 famílias. A área em que entraram pertencia à Cesp, porém reivindicavam a fazenda São Domingos, que estava em processo de negociação com o Estado. Ocuparam essa área da Cesp e logo em seguida deslocaram-se para a beira da estrada. Como os processos da reforma agrária são muito lentos, em abril de 1999 o MST viu perspectivas concretas em outra área e as famílias foram transferidas, juntando-se ao acampamento da antiga fazenda Nhancá.

Fazenda Pirituba

Em 12 de junho de 1997, iniciou-se uma luta dos camponeses sem-terra procedentes de um processo denominado por Fernandes (1996) de territorialização da conquista da terra na fazenda Pirituba. Trata-se de uma luta que até hoje apresenta suas potencialidades, porém não materializadas politicamente.

Um grupo de 250 famílias ocupou a fazenda Reunidas/Bonanza, de aproximadamente dez mil hectares, no município de Itaberá, em uma área que compreendia a antiga fazenda Pirituba. As famílias montaram acampamento às margens do rio Verde. O acampamento foi denominado Laudenor de Souza, em homenagem a um camponês morto em acidente automobilístico na região de Andradina. Algumas famílias que possuíam melhores condições financeiras levaram pequenos tratores para iniciar o plantio de milho "acreditando" na rapidez do processo de assentamento. Essa prática de levar maquinários para o acampamento é bem freqüente, pois muitos realizam trabalho fora do local onde estão realizando a ocupação, alugando seu trator. O proprietário Gumercindo Ferreira Santos entrou com pedido de liminar de reintegração de posse, que foi concedida logo em seguida, e as famílias foram para a faixa de domínio do Departamento de Estrada e Rodagem (DER), na rodovia SP-258, km 324.

Ao mesmo tempo iniciaram pressão para que o Incra e o Itesp realizassem vistorias na área e em outras fazendas na região. Não havendo avanço nas negociações, os camponeses decidiram, em 21 de fevereiro, ocupar a empresa do proprietário, a Cofesa, que se localizava na mesma estrada onde estavam acampados. Sofreram despejo em 15 de abril, voltando para a beira da rodovia.

Novamente voltaram a "incomodar" o proprietário e questionar a competência dos órgãos governamentais ocupando, em 16 de abril, uma outra fazenda de Gumercindo Ferreira Santos, a Paraíso, município de Itaberá. Um mês depois sofreram despejo, voltando para a beira da SP-258, em frente ao bairro Engenheiro Maia. Foi então realizado um laudo da fazenda reivindicada que não foi divulgado para as famílias.

Passando por precárias condições, os camponeses sem-terra mudaram para um pequeno sítio de um camponês simpático à luta das famílias, fato que demonstrou os resultados do processo de socialização política e do reconhecimento desse camponês com relação aos componentes do movimento. Em seguida, montaram acampamento na Fazenda Vassoural e, após, mudaram-se para a fazenda Rio Verde em 19 de outubro de 1998.

O número de famílias de um acampamento pode variar de acordo com os avanços e recuos da luta. Nesse caso, no início da ocupação na fazenda Reunidas, participaram cerca de 350 famílias. Durante a caminhada, muitas desistiram e os motivos comentados por aqueles que ficaram era tristeza e dificuldade de uma vida itinerante e incerta.

No momento da ocupação da fazenda Rio Verde, em 1998, o número tinha diminuído para 130 famílias.

A juíza da 2ª Vara Cível de Itararé, Elizabeth Kazuki, concedeu liminar de reintegração de posse para ser cumprida até 26 de outubro de 1998, porém foi adiada devido à resistência das famílias em sair da área. No dia seguinte, cerca de duzentos policiais deslocaram-se para a fazenda para cumprir a ação de despejo, que novamente foi adiada. Em 9 de novembro do mesmo ano, as famílias saíram da área devido à divulgação do laudo apontando produtividade.

Esse foi o momento de maior de descontentamento, havendo inclusive uma cisão no grupo. Uma parte das famílias decidiu reivindicar outras terras, ficando acampadas no trevo da Copasul, em área do DER. Uma parte procurou alento, migrando para o município de Bauru, no horto florestal de Aymorés, formando outro acampamento.

O grupo que ficou decidiu mudar o nome do acampamento para Che Guevara. Mudanças como essas tiveram significado simbólico para esses camponeses, que iniciaram naquele momento uma nova etapa e para isso se renovaram para outras batalhas. Iniciaram uma série de reuniões com o Itesp a fim de reivindicar alternativas para as famílias que ficaram. Aos poucos foi diminuindo a presença de pessoas no acampamento e as negociações com o Itesp dificilmente avançavam. Algumas famílias foram assentadas em lotes vagos no assentamento da fazenda Pirituba.[14]

Em meados de 1999, o Itesp, a partir das reivindicações do grupo acampado, apresentou áreas pertencentes à Universidade de São Paulo como possibilidade de implantação de projetos de assentamento: a fazenda a Can-Can, localizada no município de Riversul, com 625 hectares, e a fazenda Lageado, município de Itaporanga, com uma área de 370 hectares.

Iniciaram-se as negociações entre USP e Itesp para a transferência ou permuta da área. Com o término do acampamento, em junho de 2000, as negociações também diminuíram seu ritmo. Sabe-se, a partir de informações do Itesp, que houve uma proposta de permuta das fazendas Can-Can e Lageado, pertencentes à Universidade de São Paulo, com prédios utilizados pela USP na rua Maria Antonia e o ocupado pela Estação Ciência, de domínio da Secretaria da Fazenda, no município de São Paulo. Se as forças dos camponeses nessa região, principalmente desses acampados, estivessem mais aquecidas, a Universidade de São Paulo e seus patrimônios seriam um "banquete" para as ações dos camponeses sem-terra.

Com os desdobramentos dessa ocupação, pode-se entender que a força organizativa acumulada nas lutas anteriores dos camponeses sem-terra da fazenda Pirituba mostrou-se frágil perante a ação do intenso processo de negação da classe camponesa, desencadeado por proprietários poderosos na região. Mas essa fragilidade na concepção camponesa, como a própria história mostra, pode ser compreendida apenas como um momento de recuo, pois os trabalhadores sempre voltam para ocupar.

Fazenda Conquista

Uma outra ocupação de terra, iniciada em 1997 e que continua até hoje, é a dos camponeses sem-terra da fazenda Conquista, município de Tremembé. Um grupo de sete famílias desenvolve um intenso processo para continuar a territorialização da luta pela terra na fazenda Conquista, iniciada em 1994 por famílias que estão hoje assentadas.

Em 25 de maio de 1997, a área que é contígua ao assentamento Conquista foi ocupada inicialmente por sete famílias, que exigem do Incra a desapropriação da área pertencente à Petrobras, mas está em litígio com supostos herdeiros dos antigos proprietários. Em dezembro do mesmo ano, um grupo de 120 famílias entrou na área e logo em seguida migrou para São José dos Campos.

As famílias que participaram da primeira ocupação ficaram na área e foram afrontadas com a presença de um grupo que alega ser proprietário das glebas 31, 32 e 39, correspondente à parte do assentamento e de uma área próxima, onde se encontram as famílias acampadas. Nesse confronto, os camponeses sem-terra interditaram a rodovia com a intenção de que a situação das famílias fosse, enfim, resolvida.

Foi realizada uma reunião com Incra em 25 de junho de 1999, na qual o órgão apresentou aos acampados as dificuldades em desapropriar a área, ocasionada devido ao litígio envolvendo Petrobras e herdeiros do antigo proprietário. Na ocasião, e aproveitando o contexto vivido de depreciação e criminalização da luta pela terra, com ataques ao MST e as suas formas de ação, os acampados que estavam passando por inúmeras precariedades, receberam do órgão federal, como única alternativa para seus problemas, a indicação de recorrerem ao Projeto Novo Mundo Rural, pelo acesso à terra via Banco da Terra. O Estado estava usando naquele momento a sua força política para criar um novo direcionamento nas políticas públicas, mudando o mecanismo de desapropriação para o mercado de terras. Esse caso pode ser considerado exemplo da criação do espaço institucional com parte do processo de despolitização da luta camponesa.

Entretanto, as famílias não aceitaram a proposta e continuam acampadas aguardando uma definição do órgão federal para adquirir a área já adjudicada para a Petrobras, por meio da Lei n. 8.629/93 e Lei Complementar n. 76/93, que permitem a desapropriação de área contígua a assentamentos.

O MST em Barretos

O MST ensaiou um processo de abertura na luta pelo espaço político, iniciando uma de suas primeiras ocupações na região tradicionalmente mais rica do estado de São Paulo. Na cidade de Barretos, um grupo de cinqüenta famílias camponesas sem-terra ocupou a fazenda Santa Fé, de propriedade de José Zanetti, no dia 10 de janeiro de 1997.

A fazenda, segundo depoimentos dos acampados, estava abandonada com vestígios de ter sido grande produtora de laranja. Logo após a ocupação, as famílias receberam apoio do Sindicato dos Previdenciários e dos Trabalhadores Rurais de Barretos.

O proprietário entrou com pedido de liminar de reintegração de posse, que foi concedido pelo juiz da comarca local, sendo efetuado o despejo em 20 de janeiro de 1997. As famílias, sem ter outra opção, acamparam às margens de uma estrada municipal, tendo logo em seguida agregado camponeses de um outro acampamento no município de Colina. Apresentando divergências na forma de organização e de luta, as lideranças do MST distanciaram-se do acampamento, que estava na ocasião recebendo apoio da Feraesp (Federação dos Empregados Rurais Assalariados no Estado de São Paulo). A tentativa do MST em entrar nessa região não obteve muito sucesso. Adiante trataremos mais sobre esse ponto.

No período que compreendeu de 1995 a 2002, o MST realizou cerca de 130 ocupações de terras que resultaram todas em acampamentos rurais – e em sua maioria ainda em processo de luta. Observando o Gráfico 03, notam-se variações de um movimento social quando representado em números. Somente por uma análise estatística não é possível a compreensão da realidade em pleno processo de transformação, pois o que se pode revelar são momentos, retratos de uma realidade em um determinado tempo.

Gráfico 03
Ocupações e famílias acampadas em São Paulo
MST – 1995 a 2002

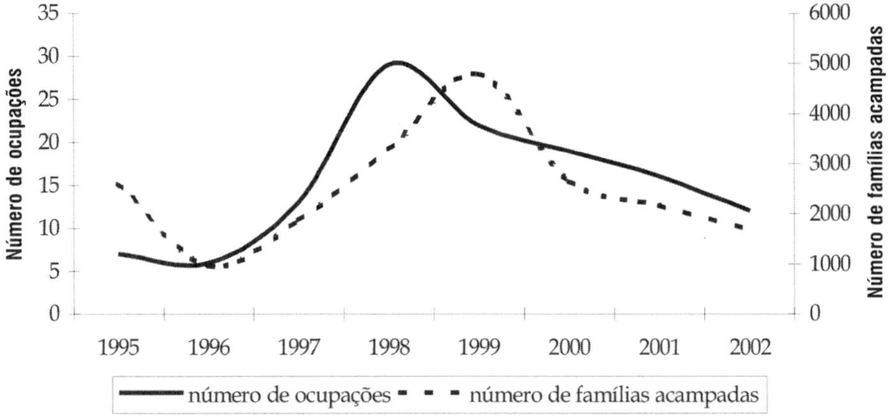

Fonte: Itesp, 2002
Org.: FELICIANO, C. A., 2003.

O ano de 1997 foi um momento político no Brasil em que o movimento camponês, por meio do Movimento dos Trabalhadores Rurais Sem-Terra, ampliava seu apoio com outros segmentos da sociedade, em virtude principalmente da Marcha Nacional por Reforma Agrária, Emprego e Justiça. Os camponeses do estado de São Paulo agregaram maior número de participantes durante essa manifestação. Segundo Santos, Ribeiro e Meihy:

> A marcha partiu de três diferentes estados brasileiros, os cerca de 1.300 sem-terra representavam acampamentos e assentamentos de todo o país. Na cidade de São Paulo reuniu-se o maior grupo, com aproximadamente 500 agricultores, das regiões Sul e Sudeste. Outros dois grupos saíram de Governador Valadares (MG) e de Rondonópolis (MT), com 400 e 350 pessoas, respectivamente.[15]

Com esse contexto de apoio de grande parcela da sociedade e "abertura" dos órgãos da mídia às justas reivindicações do movimento, as ocupações continuaram a crescer nesse período de pós-marcha, até o final do primeiro mandato do governo Fernando Henrique Cardoso. Com a reeleição garantida, iniciou-se o processo de despolitização da luta camponesa, liderado principalmente pelo governo federal. As conseqüências dessa luta desigual foram materializadas na redução das ocupações e famílias acampadas, uma vez que essas manifestações camponesas foram pela justiça metamorfoseadas em processos criminosos.

Em São Paulo, no ano de 2000, diversas lideranças do MST foram presas sob o argumento de incitação a violência, formação de quadrilhas etc. As ações do movimento, materializadas espacialmente por meio das marchas, ocupações de prédios públicos etc., para repudiar medidas criminalizadoras do Estado, transformando protestos políticos em ações de polícia começaram a se tornar freqüentes no Brasil e, conseqüentemente, em São Paulo. No início de 2000, ocorreu uma marcha saindo do município de Matão e outra de Sorocaba, com destino a São Paulo, protestando contra a prisão de seis lideranças do MST, acusados de terem depredado as cabines de pedágio próximas à região de Boituva. Como forma de espacialização da luta, os camponeses sem-terra ocuparam o Ministério da Fazenda em São Paulo no mês de maio do mesmo ano, com o objetivo de agilizar a liberação de créditos agrícolas; como forma de repressão e punição, diversos integrantes do MST foram presos.

A partir desse momento, começava de forma mais agressiva o embate entre governo federal FHC e movimento social, no caso o MST. Compreendendo a riqueza da diversificação da luta camponesa no estado de São Paulo e suas inúmeras formas de expressão, procuramos relatar alguns momentos que marcaram as novas configurações das lutas travadas pelo MST no estado.

O primeiro remete à atuação do MST na região de Ribeirão Preto, iniciado com o acampamento em Matão e se firmando com a formação do acampamento Sepé Tiaraju, no município de Serra Azul. O segundo refere-se à intensa trajetória dos acampamentos atualmente localizados no município de Iaras.

Ocupações e acampamentos na região de Ribeirão Preto

Após a ação no município de Barretos, que não obteve uma forma de organização forte e coesa, o MST entrou novamente na região a partir da ocupação, no município de Matão, da fazenda Bocaina, de 1.840 hectares. No dia 18 de dezembro de 1999, um grupo de trezentas famílias ocupou uma área da conhecida antiga usina de Ximbó. A propriedade estava situada a 93 km do município de Ribeirão Preto e pertencia a Rio Pedrense Agropastoril, que na ocasião possuía um contrato de arrendamento com a Açucareira Corona. Essa foi a maior ocupação do MST naquela região.

O acampamento contou com apoio do prefeito Adalto Scardoelli, assim como da CPT e sindicatos. A formação do grupo se deu por meio de um cadastro realizado nas cidades de Araraquara e Franca do qual participaram 26 famílias de São Paulo e de Santos. O cadastro totalizou cerca de três mil famílias.

A estratégia utilizada pelo MST apresentou-se contrária à lógica dos processos de formação de base segundo os quais, após várias reuniões, o grupo decide ocupar. Com a ocupação e formação do acampamento Dom Helder Câmara, o MST pretendia iniciar um processo de formação de novos grupos na região. A estratégia era primeiro realizar uma grande ocupação e depois esclarecer as populações circunvizinhas sobre os motivos da ação apresentar os princípios e diretrizes do Movimento dos Trabalhadores Rurais Sem-Terra, e depois agregar mais famílias para luta.

A área ocupada da antiga usina Ximbó estava desativada e possuía, segundo os depoimentos dos acampados, dívidas com o Banco do Brasil e governo federal, somando um total de R$ 94 milhões. Em uma decisão inédita no estado de São Paulo, a juíza de Matão, Sílvia Gigena de Siqueira, indeferiu o pedido de ação de liminar de reintegração de posse solicitado pela usina, mas o 1º Tribunal de Alçada Civil de São Paulo estabeleceu que o limite último para a saída das famílias seria 24 de janeiro de 2000. A fundamentação da juíza focalizou os princípios da função social da terra, estabelecidos no artigo 186 da Constituição Federal, sobre as leis trabalhistas, dívidas não pagas ao governo e prejuízos causados ao meio ambiente.

Além de angariar alguns apoios da população, do prefeito e de organizações na região, a ação do MST também atacou adversários que materializaram inicialmente suas posições em um anúncio de jornal, veiculado ao lado das notícias sobre o acampamento. O título era: "MST, foice e martelo", assinado pela Coordenação do Núcleo Integralista de Matão, em nome de L. Henrique Dias. O texto fez alusões de ligações do MST com o comunismo, mas "como integralista, não sou contra a reforma agrária e nem sou a favor dos latifúndios improdutivos. Sou contra o comunismo". A projeção das ações camponesas ganhou notoriedade e solidariedade de vários segmentos da sociedade.

Em 24 de janeiro de 2000, o prefeito de Matão, também em ação inédita, publicou o Decreto n. 3.847, em que declara de interesse social para fins de reforma agrária uma propriedade da Rio Pedrense Agropastoril, e que esta seria destinada à implantação e execução da política agrícola municipal. A ação foi contestada juridicamente, mas abriu um precedente para as negociações entre Prefeitura Municipal, Incra, Governo Estadual e acampados. Foi instalado um grupo de estudos, que chegou às seguintes propostas: 1) o Incra publicaria em jornais da região anúncio de interesse em compra de terras para assentamento de trabalhadores rurais; 2) o Incra realizaria vistorias na região buscando terras improdutivas; 3) o Incra assentaria, em lotes vagos nos projetos de assentamentos na região, aproximadamente trinta famílias selecionadas do grupo acampado na fazenda Ximbó.

A partir dessas propostas, o grupo resolveu sair "voluntariamente" da fazenda, antes da reintegração de posse marcada para o dia 28 de março de 2000. Os camponeses, após acordo com os acampados de Colina, deslocaram-se para a fazenda Santa Avóia, que estava em processo de desapropriação.

Estava nítido que as ações do Incra não iriam obter um resultado louvável. Primeiro, porque o preços das terras nessa região são altíssimos e fazendeiro/usineiro algum se apresentou interessando em vender suas terras; segundo, a maioria dos laudos de vistoria nessa região dificilmente acusaria improdutividade, pois essa é considerada a região mais produtiva e rica do estado, além da oposição declarada dos empresários/fazendeiros/usineiros em serem vizinhos de sem-terra.

Em 28 de março, o grupo de 265 famílias que estava na fazenda Ximbó ocupou a fazenda Santa Avóia, município de Barretos. Em seguida, parte das famílias que estavam acampadas no município de Colina também formou acampamento próximo à fazenda para garantir estrategicamente sua identidade como principais reivindicadores de Santa Avóia I, para a qual em 22 de dezembro tinha sido publicado, no *Diário Oficial da União*, decreto desapropriatório. Começava um embate entre os próprios camponeses que acabou enfraquecendo sua organização na luta pela terra.

A proprietária da Fazenda Santa Avóia I, Urisbela Vieira Duarte, entrou com recurso no Tribunal Regional Federal contra o processo de desapropriação da fazenda, alegando ter projeto de regeneração e culturas temporárias na área. O TRF deferiu o pedido e o processo foi suspenso em 13 de abril de 2000. Em maio, o juiz da 3ª Vara Cível de Barretos, Moacir Braido da Silva, concedeu liminar de reintegração de posse e as famílias camponesas do MST deslocaram-se para as margens da estrada municipal das Contendas, próximos aos camponeses que vieram de Colina.

Com a formação de um outro acampamento do MST, o Dorcelina Folador, no mesmo município, que reivindicava outra área, a fazenda Queixada (arrendada pela família Junqueira), os dois acampamentos resolveram se unir, ficando então configurados nesse estreito espaço da estrada das Contendas apenas dois grupos: um do MST e outro das famílias procedentes de Colina (com o apoio do Sindicato dos Trabalhadores Rurais de Barretos).

Em outubro de 2000, os camponeses do MST resolveram ocupar novamente a fazenda e sofreram despejo no dia 30 do mesmo mês. Os acampados da estrada das Contendas, para os poderes políticos da região, formavam apenas um grupo, porém o prefeito de Barretos, que era contrário à presença do grupo em "seu município", e utilizando-se de ações atrozes, entrou com uma liminar de reintegração de posse da estrada municipal das Contendas, baseado em laudos técnicos sobre a manutenção da estrada.

No dia 30 de outubro, o então prefeito de Barretos Uebe Rezeck apresentou um documento ao juiz de direito da Vara Cível de Barretos pedindo a reintegração de posse da estrada das Contendas, alegando que:

> [...] [na data de 30 de maio de 2000, teve sua propriedade que serve como estrada rural municipal, invadida pelos réus]. A autora foi esbulhada da posse, clandestinamente, como comprova as notícias veiculadas pelos jornais locais, cópias anexas, sendo certo que os réus impedem com ameaças de violência o livre acesso dos usuários daquela estrada, que [utilizam a mesma para o escoamento de sua produção agrícola e também é utilizada por inúmeros veículos de transporte escolar, causando danos, que serão irreparáveis à comunidade rural, que se utiliza daquela via de acesso].[16]

O prefeito, além de não respeitar as diferenças entre os movimentos e não reconhecer minimamente um problema social instalado em seu município, não apresentou disponibilidade e interesse em se relacionar com os camponeses como uma futura comunidade rural do município, revelando a face mais perversa dos proprietários rurais daquela região.

Devido a uma intervenção da Ouvidoria Agrária Nacional, por pressão dos movimentos camponeses, foi suspensa a reintegração por um período de dez dias. O curioso é que o sentido de unidade da luta camponesa aparece em momentos de tensão, necessidade e compreensão de uma realidade vivida em conjunto, como foi o caso, pois todos seriam atingidos com a ação do prefeito.

Passados esse período de dez dias, o juiz Wagner Carvalho de Lima, da 1ª Vara Cível de Barretos, suspendeu a ordem de despejo pelo fato de as famílias não terem outro local para se instalarem.

Quanto ao processo de desapropriação da fazenda Santa Avóia, a juíza da 21ª Vara da Justiça Federal, após três recursos impetrados pelo Incra e pela proprietária, manteve suspenso o processo de desapropriação da fazenda até a realização e conclusão de uma perícia judicial. Durante essa perícia, outros acontecimentos estremeceram as bases organizativas do movimento camponês da estrada das Contendas. Em maio de 2001, cerca de 230 famílias sem-terra procedentes de Franca, tentaram ocupar a fazenda Queixada, que estava com processo de desapropriação em andamento. Com essa ação, criou-se um outro momento de embate entre os camponeses de Barretos e os camponeses de Franca, organizados pelo Movimento de Libertação dos Sem-Terra (MLST).

O grupo ligado ao Sindicato dos Trabalhadores Rurais de Barretos reagiu com a possibilidade da entrada dos camponeses de Franca, pois com a Medida Provisória criada pelo governo federal em 2000, instituindo a punição aos movimentos que entrassem em fazendas, o processo de desapropriação da fazenda Queixada estava prestes a ficar suspenso por dois anos. Essa foi a causa principal relatada pelos camponeses de Barretos ao narrar o conflito com o MLST, noticiado pela mídia.[17] Passados dez dias, os camponeses de Franca saíram da fazenda, e o processo de desapropriação foi suspenso devido à medida provisória criada pelo governo FHC.

Passado esse episódio, em agosto de 2001, o resultado do laudo pericial solicitado pela juíza da 21ª Vara da Justiça Federal de São Paulo apresentou a fazenda como produtiva. O Incra entrou com recurso, porém essa "decisão" da justiça fez corroborar a expulsão dos camponeses acampados na estrada das Contendas, organizado por fazendeiros, prefeito e Poder Judiciário. Com o resultado dessa perícia e a articulação para a retirada das famílias, lideranças do MST, segundo depoimentos de acampados, diminuíram sua participação no acampamento. O grupo ficou temporariamente com o apoio apenas do STR de Barretos.

A partir de fevereiro de 2001, iniciou-se uma mobilização para a retirada das famílias camponesas da estrada das Contendas. As argumentações estavam fundamentadas na decisão da justiça em decretar a fazenda Santa Avóia como produtiva. Em 14 de novembro desse ano foi concedida a liminar de reintegração de posse da estrada das Contendas. Segundo relatos das famílias camponesas, houve abuso de poder. As 55 famílias foram notificadas do despejo na manhã do dia 14 de novembro e, no período da tarde, cerca de 60 policiais efetivos, com quarenta veículos entre polícia militar e prefeitura apareceram para retirar as famílias da estrada municipal.

Segundo depoimentos das famílias, os policiais chegaram no período da tarde e fizeram uma proposta para que eles fossem para um abrigo da prefeitura passar a noite, pois no dia seguinte seriam "enviados" para suas cidades de origem. Os camponeses não aceitaram e saíram caminhando pela estrada com o intuito de se alojarem na sede do STR de Barretos. Foram impedidos pelos policias e "colocados" dentro dos ônibus cedidos pela prefeitura de Barretos. Famílias relataram que seus animais e pertences foram apreendidos pela prefeitura e seus barracos queimados e derrubados. Pegos de surpresa, os camponeses passaram por sérias dificuldades após o despejo. Ficaram por um tempo alojados no quintal do Sindicato dos Trabalhadores Rurais de Barretos, em condições subumanas. Devido a um desentendimento entre as lideranças sindicais e os camponeses, estes foram expulsos violentamente pelo Presidente do Sindicato.[18] Sem sustentação política e apoio do poder público e da sociedade local, a Igreja apareceu como única aliada dos camponeses e ofereceu uma área provisória no Povoado do Prata, até que o grupo conseguisse definir suas novas estratégias de luta. Após um período de organização, os camponeses, que eram originários de Matão (MST), Colina (STR) e Barretos (STR/MST), passam a se autodenominar independentes.

Após definirem suas estratégias, esse grupo agora independente tornou a ocupar a estrada ao lado da estação de zootecnia, onde havia permanecido parte dos camponeses sem-terra de Colina. Segundo eles, agora livres para definir suas próprias reivindicações e forma de atuação. Mas segundo alguns depoimentos, "é muito custoso lutar sozinho", por isso estavam em pleno processo de "conversas" com a Feraesp, entidade com forte poder de organização de trabalhadores rurais na região.

Todo o processo de despejo é violento. A violência se revela no fato de saírem derrotados, de serem humilhados, com possibilidade de violências físicas e simbólicas. Partindo da observação de despejos em áreas de acampamento no estado de São Paulo, consideramos que a principal violência é a materialização desigual das correlações de forças. Tal materialização apresenta-se nas dificuldades dos camponeses que lutam por dias, meses, para conseguir abastecimento de água para o acampamento, transporte escolar para as crianças, a manutenção do acampamento como seu próprio lar e até um simples boletim de ocorrência quando são ameaçados por jagunços. A desigualdade aparece também nas facilidades do proprietário rural e do poder público em despejar centenas de famílias em apenas algumas horas, conseguindo efetivos de quarenta, cinqüenta e até duzentos policiais, com tropas de choque, serviço de inteligência, carros, ônibus, imprensa. Essas dificuldades e facilidades apresentadas de formas desiguais ficam registradas naqueles espaços de luta e, assim, no processo acumulativo da luta camponesa. Esses relatos e momentos de felicidade, alternados de momentos de disputas, dissidências e violências fazem parte da construção de um ideal e anseio utópico da terra liberta.

Acampamento Sepé Tiaraju

Outra luta dos camponeses sem-terra pertencentes ao MST, travada na região de Ribeirão Preto, diz respeito à formação do acampamento Sepé Tiaraju, no município de Serra Azul.

O dia 17 de abril de 2000 foi considerado pelos movimentos camponeses o dia Internacional da Luta Camponesa, sendo também um momento de protesto com as comemorações dos 500 anos do Brasil. Foi a partir desse referencial que 125 camponeses sem-terra ocuparam pela primeira vez a fazenda Santa Clara, da usina Martinópolis, de 3.600 hectares. O acampamento foi formado por camponeses sem-terra de Jaboticabal, Rincão, Gavião Peixoto, Araraquara, Franca, Cajuru, Serrana, Cravinhos, Ribeirão Preto e São Paulo.

No dia seguinte à ocupação, as empresas que controlavam a área, Santa Maria Agrícola e Nova União Açúcar e Álcool, entraram com pedido de reintegração de posse, que foi concedido no mesmo dia. Promotores públicos de Cravinhos e Ribeirão Preto, comprometidos com uma discussão sobre a função social da terra na região, afirmaram que a fazenda foi incluída como patrimônio estadual desde 1992, devido às dívidas da usina Martinópolis.

Em seus depoimentos, as famílias relataram que "seguranças" da usina haviam ateado fogo nas proximidades do acampamento para ameaçá-las e depois incriminá-las como incitadoras de violência na região. As famílias reagiram atirando pedras nos caminhões que saíam e circulavam pela fazenda, como uma forma de proteção. Nesse mesmo mês, o Ministério Público de Cravinhos entrou com ação civil contra a usina Martinópolis, alegando desrespeito as normas de segurança do trabalho e degradação ao meio ambiente, além de multá-la administrativamente.

Passados dois meses de resistência, ocorreu o despejo dos camponeses da fazenda Santa Clara. Um camponês da região, que possuía um pequeno sítio entre os imensos canaviais, manifestou apoio aos sem-terra e cedeu uma parte de sua propriedade para a instalação do acampamento e início de um plantio comunitário. Em setembro de 2000, os sem-terra voltaram a acampar dentro da fazenda Santa Clara e no mês seguinte retornavam para o sítio do mesmo camponês.

Sem conseguir apoio da sociedade local, que, segundo os acampados, manifestava-se contra a permanência deles na região, começaram a surgir vários casos de desidratação, principalmente devido à falta de abastecimento de água potável. Na ocasião, a Assessoria de Mediação de Conflitos Fundiários (AMCF) do Itesp apresentou um relatório técnico das condições precárias vivenciadas pelas famílias, que foi encaminhado às autoridades competentes para que resolvessem o problema, tendo em vista que no acampamento havia cerca de quarenta crianças e muitos idosos, que freqüentemente eram levados ao posto de saúde do município.

O abastecimento de água era realizado em tambores sem nenhuma condição sanitária, tornando imprópria sua ingestão (além de não serem reabastecidos há tempos). A vida nos acampamentos revela uma luta diária para se conseguir água, transporte escolar, alimento, roupas etc. É um período de transitoriedade, como escreveram Turatti (1999) e Fernandes (1999), mas de permanência para os camponeses, pois sabem que suas reivindicações são permanentes e por isso procuram estabelecer relações sociais como pertencentes àquele lugar, mesmo com a possibilidade de não ficarem por muito tempo.

O governo do estado de São Paulo, na administração de Mário Covas e logo após seu falecimento, com Geraldo Alckmin em seu comando, vinha sofrendo pressões da sociedade em função das superlotações, chacinas e crimes cometidos nos presídios da grande São Paulo. Com a finalidade de distribuir os presídios da capital no interior, e sabendo que a área da fazenda Santa Clara é de domínio público estadual, iniciaram as obras de dois presídios no local.

Essa ação do governo estadual criou um cenário interessante na região. Os camponeses sem-terra mais uma vez foram desconsiderados pelo governo estadual com a não-destinação dessa área para a implantação de projeto de assentamento rural. Na ocasião, informaram aos acampados que em uma parte da fazenda seriam construídos dois presídios e o restante vendido. Com o recurso obtido com a venda, o governo criaria projetos de assentamento rural em outras regiões do estado onde o preço da terra fosse mais "barato", o que permitiria, então, assentar mais famílias.

Considerando tal fato uma afronta, o movimento camponês decidiu aceitar a proposta somente se a área adquirida pelo Estado fosse localizada em um raio de até 50 km da cidade de Ribeirão Preto.

Porém, a população da região iniciou um processo em defesa da implantação de projetos de assentamentos no município, em contraposição à descentralização dos presídios para o interior, no caso em Serra Azul. A contradição existente nesse processo fica evidente no amplo apoio da sociedade local ao movimento camponês, relacionando o aumento da violência não mais à presença dos sem-terra, mas sim à construção dos presídios.

Nesse ínterim, o sitiante que havia cedido parte do seu imóvel para a permanência dos camponeses sem-terra foi, segundo os acampados, obrigado a vender suas terras para as usinas que o rodeava. Accontecia naquele momento o processo de territorialização do capital, segundo Oliveira (1999) e Thomaz Jr. (1996). O episódio da saída desse sitiante consolidou o processo de expropriação que vinha sofrendo há algum tempo. Segundo os acampados, esse senhor sempre foi pressionado pelos fazendeiros/usineiros a arrendar ou vender suas terras para a usina, porém ele sempre apresentava resistência. Isso se agravou quando materializou-se espacialmente seu apoio aos camponeses sem-terra, ao conceder sua permanência no sítio. O sitiante foi então ameaçado por outras usinas direta e indiretamente, pois tais ameaças estendiam-se a familiares que trabalhavam na usina Martinópolis. Para preservar a unidade familiar, o camponês não resistiu às pressões do capital e vendeu suas terras. Segundo os acampados, procurou terras em outra região, buscando assim recriar sua própria condição de camponês.

Os camponeses sem-terra partiram novamente para a beira da estrada. Em outubro de 2001, formaram o acampamento às margens de uma ferrovia desativada da Fepasa, contando com o aumento no número de famílias devido à chegada de vinte famílias de camponeses sem-terras do acampamento Paulo Freire, que estava realizando um protesto, por meio no município de Ribeirão Preto.

Como os arrendatários que controlavam a fazenda abandonaram a área, os acampados voltaram a ocupá-la e iniciaram o plantio de hortifrutigranjeiros, comercializando os produtos por meio da sede regional do MST em Ribeirão Preto. Mesmo considerando a área já conquistada, os camponeses sem-terra realizaram um ato político/simbólico no centro do município de Ribeirão Preto, distribuindo à população os frutos de seu trabalho, ou seja, os alimentos. Protestaram e solicitaram apoio contra a venda da fazenda Santa Clara e a favor da implantação naquele local de um projeto de assentamento rural.

Segundo informações do Incra, no início de 2005, 79 famílias foram assentadas pelo Projeto Sepé Tiarajú, no município de Serra Azul, e iniciaram o plantio de milho e hortifrutigranjeiros.

O Núcleo Colonial Monção em Iaras

Em dezembro de 2002, havia na área compreendida como Núcleo Colonial Monção dez acampamentos rurais. O Núcleo, localizado nos municípios de Iaras e Borebi, apresenta uma área de aproximadamente 48 mil hectares de domínio do governo federal, grilada por fazendeiros, arrendada por empresas e questionadas por camponeses sem-terra.

Segundo Fernandes:

> [...] o Núcleo Colonial Monção tem sua origem entre os anos de 1910 e 1914, quando a União adquiriu essas terras para a instalação de um projeto de colonização de migrantes europeus. Todavia, como o empreendimento não chegou a ser desenvolvido, no início da década de sessenta a União procurou repassar para o governo estadual a área total da gleba em questão para a instalação de projeto de reflorestamento. Mas o intento não foi totalmente efetivado de modo que o estado, por meio do Instituto Florestal ocupou apenas uma parte do Núcleo, formando a fazenda Capão Bonito para o plantio de Pinus. O restante está sob domínio de grandes empresas, como por exemplo: Eucatex e Duratex, que controlam aproximadamente 60% do Núcleo com a exploração florestal e a outra parte está sob domínio de políticos da região, que utilizam a terra para a exploração agropecuária e florestal.[19]

Os estudos realizados sobre os acampamentos rurais nessa região[20] são referenciais para a compreensão de cada etapa do processo da luta camponesa.

As primeiras ocupações do movimento camponês na região de Iaras, mais especificamente do Núcleo Colonial Monção, ocorreram por meio do MST em 1995, quando cerca de trezentas famílias de camponeses sem-terra provindos das cidades de Sorocaba, Limeira e região chegaram ao local, conforme relata Turatti: "os acampados de Iaras são oriundos de Sorocaba, Limeira e outras cidades menores, periféricas a esses centros, embora tenham nascido principalmente nos estados do Paraná, Minas Gerais e outros estados do Nordeste".[21]

Por meio dessa luta intensifica-se o número de acampamentos do MST. Devido a essas ações camponesas no Núcleo Colonial Monção, a primeira fração do território conquistado pelos camponeses sem-terra foi o assentamento Zumbi dos Palmares, estudado por Turatti (1999) em notas antropológicas sobre a sociabilidade e poder nos acampamentos em São Paulo.

Para que fosse possível compreender a espacialização dessa luta foi preciso identificar os grupos existentes e suas principais trajetórias, pois é a partir desse acúmulo de experiências que são definidas as estratégias adotadas pelo movimento camponês na presente conjuntura.

Houve quatro momentos distintos desse processo, tendo se unificado territorialmente, mas se diversificaram na ocupação dentro do Núcleo: o acampamento Madre Cristina (1998), Nova Canudos (1999), Lafayette de Oliveira (2000) e Maria Bonita, Padre Léo, Che Guevara e Santos Dias (2001).

O acampamento Madre Cristina foi formado em 23 de agosto de 1998, quando um grupo de 150 famílias sem-terra ocuparam a fazenda São Miguel, que faz parte do antigo Núcleo Colonial de Monção. Essas famílias ficaram acampadas na beira da rodovia SP-261, que liga Iaras a Lençóis Paulista. A estratégia principal era ocupar e desocupar a fazenda assim que sofressem alguma ameaça de despejo. Desde sua primeira ocupação, o grupo já havia acampado em diversas áreas dentro do núcleo. No dia 15 de agosto do mesmo ano, outro grupo de camponeses que estava acampado no município de Itapetininga desde 1997 desloca-se para a região e começa a reivindicar o assentamento das famílias no Núcleo Colonial Monção (mas devido às divergências, transferem-se para outro município). Até aquele momento havia apenas esse grupo acampado no núcleo e, apesar das dificuldades com relação à distância da sede do município, de assistência médica e carência alimentar, o maior problema enfrentado era com relação às freqüentes ameaças de "seguranças" de fazendeiros e a perseguição da polícia civil, que acusava-os de serem os principais autores do roubo de madeira, para justificar as irregularidades das empresas arrendatárias na região.

Foi nesse contexto que o grupo de 240 famílias do acampamento Nova Canudos ocupou, em novembro de 1999, o Núcleo. A trajetória desses camponeses sem-terra pode ser considerada um exemplo clássico, guardadas as devidas proporções, do processo de migração desenvolvido na história dos camponeses no Brasil.

Inicialmente contando com mil famílias de trabalhadores rurais sem-terra organizados pelo MST, ocuparam a fazenda Engenho D'Água (ou Capuava) no município de Porto Feliz, em 7 de fevereiro de 1999, área pertencente ao Grupo União São Paulo S/A. A estratégia era coordenada por meio de uma ação mais ampla do MST em ocupar áreas produtivas para questionar o conceito de produtividade e da função social da terra, o que mais tarde se repetiria na região de Ribeirão Preto, como já mencionado.

Em 17 de março de 1999, cumprindo ordem judicial, as famílias saíram da fazenda Engenho D'Água e ocuparam uma área de reserva do assentamento de Porto Feliz, onde iniciaram a construção dos barracos.

Protestando contra os ataques de violência do Governo do estado do Paraná,[22] em 27 de maio de 1999, os camponeses sem-terra realizam uma manifestação, interditando uma das rodovias de maior fluxo do país, a SP-280 (rodovia Castelo Branco) nos dois sentidos. Com essa ação, 16 participantes do protesto foram presos, sendo 9 libertados dias depois.

Em junho do mesmo ano ocuparam a fazenda Nova Esperança, localizada no município de Anhembi. O fazendeiro Oswaldo Calcidoni entrou com pedido

A GEOGRAFIA DAS OCUPAÇÕES E DO MOVIMENTO CAMPONÊS EM SÃO PAULO

de liminar de reintegração de posse e foi concedido um prazo de um mês para a retirada das famílias sem-terra. Cumprido o prazo, os camponeses ocuparam a fazenda Ribeirão do Pires. Nesse caso, o fazendeiro já havia entrado com interdito proibitório, protegendo sua fazenda de uma possível "invasão". Em 22 de setembro, ocuparam uma área do Banco do Brasil, saindo no dia seguinte e ocupando terrenos da prefeitura em áreas urbanas como um estádio de futebol e outras áreas próximas ao rio Tietê.

A cidade de 4 mil habitantes não possuía a mínima estrutura para receber cerca de 1.200 camponeses de uma só vez. Tanto que políticos locais se mobilizaram pela retirada das famílias camponesas da "pacata" cidade interiorana. Em agosto de 1999, o acampamento dividiu-se: uma parte das famílias instalou-se no acostamento da rodovia SP-147 e outra ocupou a fazenda Maria Ângela, em Piracicaba. No mês seguinte, por mediação do Incra, ocupam uma área do Banco do Brasil, no município de Limeira. A partir de então, após reunião com o órgão do governo federal, foi apresentada a possibilidade de serem assentados no Núcleo Colonial Monção. Iniciou-se, assim, sua transferência para Iaras, em novembro de 1999. Essa foi a trajetória do acampamento Nova Canudos, sua rica e penosa experiência de passagens pelas beiras de estradas e interiores de fazendas. Em oito meses, o grupo migrou por vários municípios, sofreu três reintegrações de posse e realizou dois protestos, que resultou em nove pessoas presas. O que se percebe é a falta de um estudo geográfico mais aprofundado sobre os processos de movimentação vivenciados por esse grupo, que certamente trarão novos elementos para a compreensão do movimento camponês.

Foi nesse contexto que se formaram os maiores acampamentos do Núcleo Colonial Monção: o Madre Cristina e o Nova Canudos, com 240 famílias de trabalhadores e, logo depois, a chegada das famílias provindas do acampamento Lafayette de Oliveira.

A trajetória do acampamento Lafayette de Oliveira está marcada por histórias de violência, abuso de poder e fragilidade interna, na luta pela reorganização após várias pelejas sofridas no campo paulista. Grande parte desses camponeses procura sua recriação desde as lutas iniciadas no município de Itapeva, em 1997, quando ocuparam a fazenda Reunidas/Bonanza, cujo acampamento chamava-se Laudenor de Souza. Essas famílias decidiram procurar outras possibilidades de recriação da condição camponesa migrando, em novembro de 1998, para o município de Bauru, no horto florestal de Aymorés. Deixando no rastro de sua história a lembrança da terra de origem.

Quando ocuparam o horto florestal Aymorés, em 20 de março de 1999, organizaram-se com outros camponeses sem-terra da região de São Carlos,

Promissão, Marília e Bauru. No início da ocupação contaram com apoio da Comissão Pastoral da Terra de Lins, Sindicato dos Bancários, do Partido dos Trabalhadores e do Sindicato do Ferroviários, todos de Bauru.

Esse horto era uma antiga área da Fepasa (Ferrovia Paulista S. A.), que foi arrendada pela Celpav (Celulose e Papel da Votorantin) com o término de seu contrato com governo do Estado previsto somente para 2011. A Celpav entrou com pedido de reintegração de posse e as famílias formaram acampamento na estrada municipal, próxima à rodovia que liga Bauru–Jaú. A CentroVias, empresa que administra a rodovia, também conseguiu reintegração de posse e as famílias tiveram sessenta dias para procurar outra área. Por isso e devido à precariedade vivida no acampamento, cerca de quarenta famílias saíram do acampamento e foram para a fazenda Santo Antônio, no distrito de Brasília Paulista, município de Piratininga.

No mês de junho de 1999, mais um grupo de sessenta famílias também se deslocou para a fazenda Santo Antônio, acompanhando o grupo anterior; porém, os camponeses sofreram ação de despejo dias depois da ocupação e retornaram para as margens da rodovia Bauru/Marília. Logo em seguida, ocuparam a fazenda Jandaia, em Pirajuí; na ocasião o grupo redefiniu o nome para Lafayette de Oliveira, sendo também em seguida despejados. Posteriormente, ocuparam a fazenda São Pedro e São Paulo, no município de Presidente Alves, saindo dela em 17 de dezembro de 1999, após acordo com a polícia militar, que estava prestes a cumprir a liminar de reintegração de posse.

Finalmente, os camponeses sem-terra ocuparam a fazenda Lutécia, no município de Gália, em 17 de abril de 2000. Essa data fez parte de uma estratégia adotada pelo MST de realizar várias ocupações no dia Internacional da Luta Camponesa em memória dos camponeses assassinados em Eldorado dos Carajás.

Os acampados relataram que o fazendeiro Luiz Carlos Volponi abandonara a área havia três anos, mas isso não impediu que em outubro de 2000 acontecesse uma ação de despejo que durou dois dias, desestruturando a organização do grupo, que já estava realizando plantios em uma parte da fazenda.

Essa ação de despejo contou com um efetivo de aproximadamente cem policiais militares, com cães, cavalos, ônibus etc. A estratégia de "ganhar tempo", nesse momento do despejo, apresentou-se para os camponeses como um trunfo para tentar conseguir sua permanência naquele espaço. Cada segundo era negociado com o comandante da operação, na expectativa de buscar alternativas com o Incra/SP que possibilitassem cessar aquela operação. Novamente foram despejados e montaram acampamento às margens da estrada municipal do Ribeirão Vermelho, ao lado da fazenda Lutécia.

Não bastasse a derrota do despejo, duas pessoas foram hospitalizadas dias depois, pois haviam consumido água imprópria no local para onde foram transferidos os acampados. Todos os órgãos competentes dos municípios se esquivaram da responsabilidade de abastecer o acampamento com água potável. Na tentativa de "costurar seus retalhos", o grupo novamente migrou, agora para o Núcleo Colonial Monção, em 28 de dezembro de 2000. Assim, essa área em Iaras passara a agregar grupos com perfis e histórias de luta diferenciadas.

O Núcleo foi o ponto de apoio e de renovação dessas forças camponesas tão padecidas de descanso e trégua. A partir dessas diferenças da luta camponesa, os sem-terra criaram outras formas de luta e resistência. No mesmo Núcleo, mas em áreas distintas, os camponeses iniciaram uma série de ações na tentativa de confundir os fazendeiros e o poder público local criando várias estratégias, como foi relatado por Iha:

> [...] a partir dos acampamentos presentes na área, organizou-se as novas dinâmicas de ocupação. Acampamentos com cerca de 15 a 40 famílias, numa mesma área, articulam-se entre si, reunindo-se quando necessário para organizar suas ações coletivas, para combater como movimento de massa as ordens judiciais de despejos, os confrontos com tropa de choque e segurança armada.[23]

A partir desse momento, os camponeses e camponesas sem-terra lutaram para se manter naquela área, enfrentando várias hostilidades do poder público local e ameaças dos seguranças das empresas arrendatárias e dos fazendeiros da região.

Com a formação de mais acampamentos na área que compreende ao Núcleo Colonial Monção, realizou-se uma mobilização dos fazendeiros, empresas e prefeito local para reprimir e criminalizar a presença e as ações dos camponeses sem-terra. Há muitos relatos dos sem-terra envolvendo:

- perseguição política às lideranças; discriminação na prestação de serviços públicos aos acampados do Núcleo, como a construção de um galpão na sede do município onde seriam atendidos os que procuravam o posto de saúde, com a finalidade de não misturar os sem-terra com a população local;
- o trato diferenciado nas escolas que recebiam as crianças e adolescentes;
- as constantes "revistas" realizadas pelos seguranças da empresas arrendatárias (Ripasa e Lwartt) às pessoas, carros e ônibus escolares que circulam pelas estradas que cruzam a fazenda;
- o constrangimento e intimidações sexuais sofridas pelas mulheres e garotas que passam pelas fazendas guardadas pelos "seguranças";
- a ligação imediata de qualquer crime cometido na cidade de Iaras à participação de pessoas do acampamento, sem ao menos levar adiante as investigações;

- o abuso de poder ao parar integrantes dos acampamentos nas ruas da cidade para solicitar a apresentação de documentos de identificação;
- disparos de armas de fogo durante a noite, entre outros.

Os novos acampamentos formados naquela região foram: o Santo Dias, com aproximadamente 100 famílias, o Maria Bonita, com 62 famílias, o Che Guevara, concentrando 19 famílias, o Padre Léo, com cerca de 41 famílias, o Rosa Luxembugo, com 30 famílias, o Carlos Lamarca, com 13 famílias, e o Irmã Alberta, com aproximadamente 23 famílias.

As famílias do acampamento Santo Dias procedem das cidades de Campinas, Iaras, Bauru e Botucatu. Ocuparam a fazenda Água do Caçador, em Borebi (que também compreende o Núcleo Colonial Monção), de aproximadamente 2.662 hectares, no dia 20 de janeiro de 2001. Três dias após a ocupação, foi concedida a liminar de reintegração de posse, que fora solicitada pelo proprietário da fazenda, Emiliano Abreu Sampaio Neves. As famílias saíram da fazenda, voltando a ocupá-la alguns dias depois.

Um grupo de 19 famílias que estavam alojadas em uma chácara particular, em Araraquara, trabalhando em regime de comodato, também ocupou a fazenda Água do Caçador, em outubro de 2001. Essas famílias são do acampamento Che Guevara, formado inicialmente em junho de 2001, no município de Araraquara, quando ocuparam um terreno da prefeitura municipal.

Foi realizada em 26 de agosto de 2001 a 1ª Romaria da Terra no Núcleo Colonial Monção. Essa manifestação, que agregava todos os acampamentos do Núcleo Colonial, representou o espaço que possibilitou a troca de informações e experiências dos mais diferenciados grupos, tendo, a partir dessa articulação, formado um novo acampamento de trabalhadores rurais sem-terra: o acampamento Padre Léo, quando ocuparam uma área da Lwartt.

Empresas como a Ripasa e Lwartt têm contrato de arrendamento para exploração de grandes extensões de plantio de pínus e eucalipto existentes no local. Segundo depoimentos dos acampados, as arrendatárias contrataram "empresas de segurança" para coibir o roubo de madeira. Os crimes sempre são vinculados às ações dos sem-terra, mas em informações colhidas com um investigador da polícia civil de Iaras, este mencionou que, mesmo antes da chegada dos sem-terra na região, havia essa prática criminosa. Disse ainda que a maioria das queixas de roubo e furto, sempre rotuladas como ações dos sem-terra, são infundadas e manifestam apenas a aversão da população local e regional para com a presença desses camponeses.

Os sem-terra, desde que chegaram à área, enfrentaram os grandes grupos capitalistas, denunciando ações de exploração do trabalho naquelas áreas, conforme relata Fernandes:

Uma semana depois da ocupação, os trabalhadores sem-terra comprovaram a utilização de trabalho semi-escravo e a exploração do trabalho de menores pelas empresas que dominam a área. O MST, a CPT e a CUT denunciaram o fato ao Ministério do Trabalho e seus fiscais registraram a existência de quatro mil trabalhadores, entre os quais crianças e jovens em idade escolar que trabalham durante todo o dia com seus pais. Muitos não recebem o suficiente para pagar suas dívidas nos mercados das áreas onde trabalham e são obrigados a comprar os alimentos.[24]

Repetidamente, os sem-terra vêm denunciando formas de trabalho forçado, porém com o clima de tensão e as constantes ameaças por parte de seguranças contratados pelas empresas, somados à negligência do Estado em não dar continuidade às denúncias, a situação tende a persistir.

Martins discute que os mecanismos de dominação em práticas de *sobreexploração do trabalho*, fogem à sua própria interpretação, sendo encontradas geograficamente em regiões remotas:

> As ocorrências, ilegais aliás, se dão geralmente em regiões remotas, longe dos olhos das autoridades (e, obviamente, das cabines telefônicas), lugares de acesso difícil até mesmo para os funcionários responsáveis pelas investigações e pelas providências legais contra os autores da prática do trabalho escravo.[25]

Isso não é o que aconteceu em Iaras, pois o Núcleo Colonial Monção fica a aproximadamente duzentos quilômetros da capital do estado de São Paulo, e os seguranças contratados pelas empresas são, em sua maioria, policiais da própria região, que realizam trabalhos extras para complementar sua renda. Portanto, a região não é isolada geograficamente e muito menos distante dos "olhos da autoridade". O que acontece nesse local é que há a conivência do poder público em permitir que grandes empresas capitalistas ditem relações de trabalho forçado.

Uma das últimas ações de reintegração de posse no Núcleo foi na área arrendada pela empresa Lwartt. As famílias do acampamento Padre Léo, formado a partir da 1ª Romaria da Terra, em 29 de outubro de 2001, ao saírem da área, deixaram um plantio de abóbora, feijão, milho, amendoim, entre outros. Imediatamente após a saída dos sem-terras, a empresa mandou aplicar herbicida em toda a plantação para eliminá-la e também entupir os poços abertos pelas famílias. O que aconteceu nesse episódio foi a materialização de um espaço de luta, no qual os sem-terra e a empresa registraram naquela fração do território as suas divergências e seus interesses na produção e reprodução de usos distintos da terra.

Para finalizar, abordaremos ainda as diferenças no perfil das famílias que estão acampadas no Núcleo e alguns indicativos que podem ser observados na organização espacial dos acampamentos.

Iha comenta que se iniciou, a partir de 1997, uma proposta de aliança campo-cidade entre MST e MTST (Movimento dos Trabalhadores Sem-Teto) na organização da luta pela terra:

> Como resultado da aliança campo-cidade, as organizações unidas a grupos como a Consulta Popular iniciaram seu grande projeto de realizar um grande acampamento com pessoas do meio urbano. A intenção era unir as duas propostas numa só reivindicação, dando um caráter mais amplo de organização da luta na cidade e do campo. Unindo-se as duas, inciou-se uma outra fase de organização da luta pela terra no MST: a de trazer pessoas que são excluídas da cidade.
> Esse projeto deu origem a vários acampamentos dentre eles um dos pioneiros, neste novo molde de ocupação foi o acampamento Nova Canudos. Na sua formação há principalmente pessoas de periferia urbana e que buscam na luta pela política da reforma agrária uma contraposição à violência e à miséria das cidades.[26]

A diferenciação do perfil, mas não da origem, é materializada no interior do acampamento quando os usos dos espaços são construídos. Por exemplo, grande parte das famílias do acampamento Nova Canudos, ao entrarem na fazenda, delimitaram e diferenciaram o espaço público do privado. A configuração do acampamento ocorre em forma de tabuleiro de xadrez, lembrando quarteirões existentes na área urbana. O cercamento dos barracos é a manifestação do espaço privado, da "propriedade", que é uma novidade nos acampamentos. Por sua vez, os grandes barracos são de uso coletivo para assembléias, reuniões, festas, eventos religiosos. Os animais, geralmente os cães, estão acorrentados, dando um sentido de pertencimento à família, diferente, por exemplo, dos habituais acampamentos onde os bichos e os objetos fazem parte da configuração de lugar comum, mesmo que todos saibam que aquela galinha pertence à família X ou família Y. Essas diferenças permitem trocas de experiências coletivas, ao mesmo tempo em que acirram os conflitos. No processo de luta camponesa aprendem a construir suas identidades a partir das semelhanças, diferenças e contradições.

Essa nova concepção de luta do MST, visando à união campo-cidade, também pode ser evidenciada e analisada em outros acampamentos, como o Dom Tomás Balduíno, em Franco da Rocha, e Terra Sem Males, no município de Cajamar. Essa nova concepção de luta, segundo os acampados e a coordenação dos movimentos, pretende questionar a utilização dos espaços rurais e urbanos próximos aos grandes centros (São Paulo, Campinas, Ribeirão Preto etc.). É, certamente, uma nova etapa do processo de luta camponesa, uma nova realidade sendo construída, a espera de interpretações para assim superar seus problemas e fortalecer suas potencialidades.

As ocupações realizadas pelo Movimento dos Trabalhadores Sem-Terra, no estado de São Paulo, conseguiram agregar no início da década de 1980 o maior número de famílias de camponeses sem-terra desde sua formação. Por essa razão, apresentaremos as ocupações realizadas por esse movimento durante o período de 1981 a 2002, por meio de um mapa temático que contém o número de famílias acampadas por município e também o número de ocupações em cada período governamental, como pode ser observado a seguir, no mapa "MST: Geografia das ocupações de terras – 1981 a 2002" (mapa 05).

O maior número de ocupações está concentrado no Pontal do Paranapanema, assim como a quantidade de famílias acampadas. Outro aspecto que podemos observar são as informações referentes aos períodos governamentais. Fazendo uma correlação com os mapas das ocupações no Brasil apresentados no capítulo anterior, nota-se que o governo FHC foi o período em que ocorreu o maior número de ocupações e famílias acampadas. Há inúmeras possibilidades de leituras que podem ser realizadas a partir desse mapa sobre as ocupações de terras realizadas pelo MST.

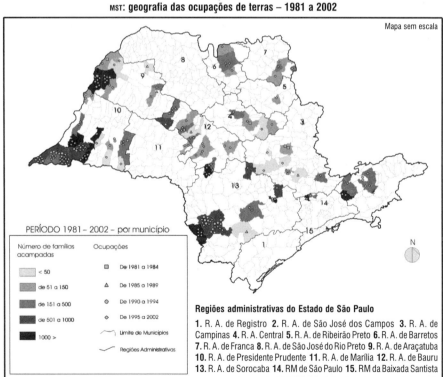

Mapa 05
MST: geografia das ocupações de terras – 1981 a 2002

Fonte: FERNANDES, B. M. (1996), AMCF/Itesp (2002).
Org.: FELICIANO, C. A.
Desenho: Wagner Oliveira; Sinthia C. Batista.

A fundação e a atuação do Movimento dos Agricultores Sem-Terra (Mast)

O Movimento dos Agricultores Sem-Terra (Mast) foi fundado em 19 de março de 1998, na sede do Sindicato dos Trabalhadores Rurais, no município de Rosana, extremo oeste do estado de São Paulo.

O surgimento desse movimento foi concretizado pela articulação da Social Democracia Sindical (SDS), com os novos movimentos sociais no Pontal do Paranapanema, em sua maioria dissidentes do MST: Movimento Sem-Terra de Rosana, Brasileiros Unidos Querendo Terra (Presidente Epitácio), Movimento Esperança Viva (Mirante do Paranapanema), Movimento da Paz (Regente Feijó), Movimento Terra Brasil (Presidente Venceslau), Movimento Unidos pela Paz (Tarabai), Movimento da Paz Sem-Terra (Taciba), Movimento Sem-Terra do Pontal (Teodoro Sampaio) e Movimento Terra da Esperança (Presidente Bernardes).

A SDS é uma central sindical recente no cenário político brasileiro. Mas seu fundador, Enilson Simões de Moura (conhecido como Alemão), já possui uma trajetória com o movimento sindical urbano no município de São Paulo.

Segundo o noticiário publicado no jornal *Folha da Tarde*, em 6 de setembro de 1997, o sindicalista, que foi um dos coordenadores da campanha presidencial de Fernando Henrique Cardoso em seu primeiro mandato, afirmou a eficácia do governo em resolver as questões referentes à reforma agrária brasileira.[27] Segundo informação do Itesp, Enilson foi presidente de outro movimento antes da criação do Mast: o Movimento dos Brasileiros Unidos Querendo Terra (MBUQT).

Nesse contexto político nasce o Mast, sendo sua principal sustentação política e financeira garantida por meio da atuação da SDS, dissidência da força sindical e totalmente contrária à política da CUT.

Com as informações[28] sobre o dia da fundação do Mast, pode-se fazer uma análise das condições de criação, das finalidades e objetivos desse movimento.

Na reunião do dia 19 de março estavam presentes acampados, lideranças de alguns dos movimentos citados anteriormente, o presidente da SDS (o Alemão), o advogado da SDS (Ednaldo), políticos da região e a imprensa. O evento foi presidido por representantes da SDS, principalmente o advogado e o presidente. A reunião iniciou-se com a leitura da carta de princípios do Mast, elaborada pela diretoria da Social Democracia Sindical.

Os princípios desse movimento estão baseados nas concepções teóricas da social-democracia. Nessa carta é trabalhado o conceito de democracia social, baseado em Alexis de Tocqueville (1835).

O conceito de democracia social, segundo a carta, refere-se: "[...] à vontade de realizar a democratização da própria sociedade, através da crença do valor na igualdade de oportunidade para todos e na existência de instituições que concretizem este projeto".[29] Segundo esses princípios, a SDS seria a instituição que viria proporcionar tais anseios. Os elementos centrais desse movimento são:

- a defesa de um sistema político de caráter liberal-democrático, isto é, com voto, partidos políticos livres, direitos políticos amplos e intransferíveis;
- a defesa de um sistema econômico baseado na existência do mercado.

Nada de diferente é apresentado; e esses elementos vêm totalmente na direção do governo brasileiro diante das transformações que estão ocorrendo no mundo, ou seja, o caráter liberal-democrático. Essa postura vem apenas se aliar e concordar com essas políticas.

A carta de princípios apresenta as propostas do Mast:

- a integração da política de reforma agrária com uma política de desenvolvimento rural;
- assistência técnica condizente;
- fomento ao cooperativismo para viabilizar a produção familiar em um mercado intensamente competitivo. A cooperativa serve de vetor para a incorporação de tecnologias de captação de crédito e de comercialização de produtos, através de organizações como a Organização das Cooperativas Brasileiras (OCB) e as Organizações Estaduais de Cooperativas (OECs);
- o fomento ao sindicalismo rural;
- definir papéis institucionais para o planejamento e implementação de projetos de habitação, saneamento, eletrificação e transporte para os assentamentos rurais;
- uma emancipação criteriosa dos assentamentos de reforma agrária;
- planejamento da reforma agrária. Os assentamentos devem ser considerados como unidade de produção, voltados para o mercado, integrados à dinâmica do desenvolvimento municipal e regional.

Após essa etapa, a mesa que presidia a reunião colocou os textos, o nome do movimento e seu símbolo em discussão e em votação. Como não houve nenhuma intervenção, nasceu então o Movimento dos Agricultores Sem-Terra (Mast), inicialmente confundido com Master pelos próprios trabalhadores que faziam parte dele, revelando falta de identidade com o nome.

Abaixo seguem alguns trechos da transcrição do evento de criação do Mast:

> [...] se algum companheiro quer fazer alguma correção, alguma objeção [...] quem tiver de acordo está de acordo, agora precisa abrir a palavra a alguém que seja contra e acha que precisa fazer alguma modificação [...].
>
> [silêncio]
>
> Todo mundo de acordo [...] quem tá com a carta de Princípios fica de pé levantando a mão [...] está aprovada a carta de princípios [...].[30]

MOVIMENTO CAMPONÊS REBELDE

Nesse momento, o presidente da SDS chama a atenção das pessoas que estão tomando café enquanto as outras estão trabalhando na discussão dos princípios do Mast:

> [...] então vamos colocar mais uma vez em discussão [...] em votação. Os companheiros que estão de acordo com a carta de princípios, da forma que ela foi apresentada, de novo, vai levantando e levantando a mão [...] agora todos, que tinha gente lá atrás [...] todo mundo [...] está aprovada nossa carta de princípios, vamos seguindo [...].
>
> [aplausos]
>
> [...] estamos submetendo à apreciação dos companheiros o símbolo e o nome do movimento que estamos aqui constituindo [...] é o Movimento dos Agricultores Sem-Terra, que tem aquela conotação e aquele político que nós procuramos colocar aqui na abertura dos trabalhos. Pretendemos constituir um movimento que seja consciente da agricultura, vocacionado para agricultura, que conhece a agricultura, as dores, sofrimentos e as alegrias do homem do campo,
>
> [aplausos]
>
> [...] Muita atenção agora [...] outra sugestão? [aplausos] [...] então muito bem, vamos ficar de pé levantando a mão quem tá de acordo com este símbolo do nosso novo movimento [...] Tá aprovado nosso símbolo [...]. (Alemão, presidente da SDS)[31]

Prosseguindo a reunião, cada movimento começou a relatar sua posição, problemas e principalmente as desavenças com o MST e o Itesp. Muitos relatos foram direcionados no sentido de não concordarem com as posturas violentas do MST, que "invadia a propriedade dos outros, derrubando cercas e matando gado".

Essas pessoas estavam, conscientemente ou não, usando os mesmos argumentos e artifícios dos fazendeiros e do próprio governo quando questionados sobre as condutas dos sem-terra. Ou seja, estavam assumindo uma posição que é contrária a eles mesmos. É o uso intencional das idéias de muitos desses trabalhadores, que por não concordar com algumas estratégias o MST, acabam desmoralizando-o na tentativa de abafar e novamente tirar de cena a questão da reforma agrária no Brasil.

Qual é a lógica da formação de um movimento em que apenas um pequeno grupo de pessoas define os princípios e as propostas de um movimento social? Por que a ampla maioria não participou das discussões sobre as propostas, sobre o que deseja, como realizar e quais as diretrizes políticas, sendo que eles deveriam ser os maiores interessados?

Nos desdobramentos da reunião, aconteceu a leitura e aprovação do estatuto do Mast. Tal estatuto tira totalmente ao essência do caráter de um movimento social, fixando leis, regras e comportamentos. O próprio conceito de

|146|

movimento traz intrinsecamente a dinamicidade, a ação, a liberdade de agir em todas as direções etc. Fechar os caminhos e impor certos direcionamentos é a enorme contradição nesse sentido. Estamos diante de um movimento social com a estrutura de uma associação ou clube social ou de serviço.

De acordo com seu estatuto, o Mast seria composto pelas seguintes categorias:

- *sócios fundadores*: os signatários dos atos constitutivos do Mast e responsáveis pelo cumprimento de suas finalidades;
- *sócios efetivos*: aqueles escolhidos pelo conselho deliberativo para substituir os sócios fundadores;
- *sócios beneméritos:* aqueles que assim forem reconhecidos pelo conselho deliberativo em virtude de serviços relevantes prestados ao Mast;
- *sócios contribuintes*: as pessoas físicas e/ou jurídicas que, por se utilizarem dos serviços do Mast, contribuirão mensalmente com a taxa de manutenção estabelecida pelo conselho deliberativo.

Essa composição do movimento seria gerida por três órgãos: a assembléia geral, o conselho deliberativo e a diretoria executiva. A assembléia é a instância suprema do movimento, na qual todos os sócios têm direto a voz e voto. Somente o conselho deliberativo pode convocar uma assembléia, e ele é formado por todos os presidentes da diretoria executiva, porém não há nenhum prazo de término de cada mandato.

A diretoria executiva pode ser nomeada e destituída pelo conselho deliberativo, sendo composta por um presidente, um vice-presidente e um tesoureiro.

Terminada a leitura do estatuto, novamente as pessoas foram consultadas e como não houve nenhuma divergência, nem dúvida ou questionamento, o estatuto foi aprovado rapidamente, por unanimidade.

O passo seguinte da reunião foi a nomeação do conselho deliberativo e da diretoria executiva do Mast. Em um processo rápido, um grupo de pessoas que estava presente ficou responsável por indicar os nomes que comporiam a diretoria e o conselho.

Todos os eleitos para diretoria executiva do Mast – o presidente (sr. Lino), o vice-presidente (sr. Moisés) e o tesoureiro (sr. Cícero) – faziam parte também da Diretoria da Social Democracia Sindical.

Depois de indicados e aprovados os componentes do conselho deliberativo, e quase encerrada a reunião, o presidente da SDS sugeriu a possibilidade de entrar uma mulher no conselho. Mas pela forma como o assunto foi tratado, a presença da mulher seria apenas uma peça decorativa. Foi indicado, então, o nome de uma mulher, pois não havia nenhuma na reunião de "formação" do Movimento dos Agricultores Sem-Terra.

Em 1999, na subsede do Mast/SDS no município de Presidente Prudente, foi possível marcar uma entrevista e visita aos assentamentos e acampamentos organizados por esse movimento. A entrevista foi realizada com o vice-presidente do Mast, sr. Moisés, na sede do Sindicato dos Trabalhadores Rurais do município de Euclides da Cunha Paulista. Depois de relatada toda a história da formação do Mast, das dissidências com o MST, de seu radicalismo e de como o movimento a que pertence é pacífico, o entrevistado discorreu sobre a forma de organização do Mast.

Segundo o vice-presidente do movimento, mais de 1.500 trabalhadores rurais aderiram ao Mast no ano de 1999. Trata-se de famílias dissidentes do MST ou de assentamentos que não possuíam nenhum vínculo com um movimento organizado.

As ocupações organizadas pelo Mast, nesse período de 1999, sempre foram realizadas pacificamente e já com alguma certeza da conquista da terra. Isso revela que o Movimento e a própria SDS possuía alguma relação mais imbricada com o governo tanto estadual (PSDB) quanto federal (PSDB). O trecho selecionado revela e dá indícios dessa relação e da forma como era feita uma ocupação:

> [...] somando ao Mast, a SDS defende uma política agrícola voltada para a agricultura familiar e nós vamos chegar lá, primeiro porque a SDS é bem próxima ao governo federal e estadual. Por isso nós temos um vínculo muito próximo dos dois governos e nós conseguiremos muito recurso e subsídios por esses dois órgãos pelo fato de estarmos muito perto [...].
>
> [...] bom, o nosso sistema é diferente do que é os outros. É o seguinte: começamos a se reunir em grupo, a princípio o sindicato, por intermédio de minha pessoa que sou vice-presidente do Mast e diretor da SDS, nós temos um dado fornecido pelo Incra e pelo Itesp, do que é terra produtiva e terra improdutiva. A terra de possível acordo e a terra possível de ser negociada e vice-versa. Com esses dados nós começamos a cadastrar famílias que não têm terra e dizemos para eles: "Olha, nós temos área tal e tal e é devoluta do Estado e está sendo negociada em São Paulo e dentro de pouco tempo acredito que o acordo está sendo firmado". E aí nós começamos a arrebanhar pessoas que têm vínculo trabalhista, que é pequeno produtor rural de verdade. Não temos nada a ver com a prefeitura, com funcionalismo público ou cidadão que queira pagar pra não ficar na lona, esperando dar algum tempo na casa dele, enquanto o coitado do acampado está segurando viola para os outros. O Mast é contra isso. Quem quiser terra tem que acampar, tem que ter perfil de agricultor, se não for, ele é expulso do acampamento. Nós não aceitam, se adotamos esse sistema. Nós somos contra destruir propriedade. Somos contra quebrar cerca, quebrar porteira, quebrar tudo. Nós trabalhamos com uma dignidade tão grande que nós vamos lá no fazendeiro e mandamos abrir a porteira. Nós não manda quebrar não, nós manda abrir a porteira. Porque quando nós vamos fazer as coisas, nós fazemos já com ordem lá de cima, já com segurança de quem mandou fazer. Chega lá

no cidadão, geralmente na fazenda que nós ocupa há muitas pessoas ligadas à gente, conhecido da gente, e diz: "Oh cidadão felizmente nós vamos fazer uma ocupação aqui para agilizar mais depressa pra você fazer logo o acordo com o Estado. Aí você já põe o dinheiro no bolso e compra terra no Mato Grosso". Tá certo, o cara vai lá e abre o cadeado. Que eu saiba até hoje nós entramos pacificamente, democraticamente nas terras, não se houve destruição e todas essas áreas foram ressarcidas para o Mast. Algumas delas não foram assentadas, mas pelo menos tá lá no acampamento do Mast, nos aguarde para que o Estado pague a benfeitoria para que faça o assentamento. Então isso tá dando resultado. Outra coisa, o próprio fazendeiro nos apóia. Pra você ter idéia, aqui no município de Euclides da Cunha, fizemos umas três delas junto com o fazendeiro. Nós ocupamos e o fazendeiro vendo a gente fazer, manda abrir a porteira, manda levar água pra nós, bambu pro povo fazer barraco, todo o subsídio preciso, só faltou dá a lona, que isso aí também seria muita mamata.[32]

Esse relato demonstra uma aparente falta de dimensão política ao não se preocupar com a questão do uso social da terra. Chega a dizer da possibilidade do fazendeiro receber do governo pela terra que na verdade nem era sua, para adquirir outra área no Mato Grosso. É uma contradição revelada na luta pela reforma agrária travada por milhares de camponeses sem-terra em todo em território brasileiro.

Durante os dias 19 e 20 de março de 1999, foi realizado em Presidente Prudente o 1º Seminário dos Assentados e Acampados do Pontal do Paranapanema. Tal seminário foi custeado com recursos do Incra, de Brasília, abrangendo o tema: "Os assentamentos e o Desenvolvimento Regional".[33] O seminário teve a participação de 125 pessoas, principalmente os coordenadores dos acampamentos (9) e assentamentos (28), representando 2.500 famílias dos municípios de Euclides da Cunha Paulista, Teodoro Sampaio, Tupi Paulista, Presidente Epitácio, Caiuá, Presidente Venceslau, Porto Primavera, Presidente Prudente e Mirante do Paranapanema.

Os pontos discutidos nesse seminário somente de lideranças tratavam de problemas estruturais e conjunturais dos acampamentos e assentamentos, apontando os problemas e as propostas de atuação e trabalho. Os problemas estruturais compreendiam a desorganização dos assentados e a exploração dos assentamentos. Os pontos conjunturais abrangiam desde os acampados na beira da estrada até relacionamento com bancos, Itesp, Incra etc.

O ponto central, porém, não foi a discussão apenas dos problemas estruturais dos assentamentos e acampamentos. Tal fato tornou-se nítido com a participação do órgão governamental – Incra, que apresentou as lideranças do Mast, a nova visão de reestruturação para a política de reforma agrária, distribuindo aos presentes o documento:"Política de desenvolvimento rural com base na expansão da agricultura familiar e sua inserção no mercado".

A intenção era apresentar o Plano Novo Mundo Rural, lançado em ano posterior como movimento social de oposição ao MST, garantido e repassando assim para a sociedade que há um respaldo dos movimentos sociais.

Outro ponto que chamou a atenção foram as discussões sobre o que eles denominaram de problemas conjunturais: os acampados na beira da estrada. Com a questão "São necessários os acampamentos na beira da estrada?", iniciou-se uma reflexão da diretoria do Mast e do SDS sobre a funcionalidade das ocupações e dos acampamentos. Colocava em xeque um dos pilares da organização camponesa pelo acesso à terra, como mostra as seguintes passagens:

- São necessários os acampamentos na beira da estrada? Todos os problemas levantados decorrem da existência de acampamentos na beira da estrada, mas ninguém questionou se eles são, de fato, necessários;
- O acampamento na beira da estrada não é uma estratégia do MST já superada? Se não está superada no Brasil, será que não está superada como forma de luta para o Estado de São Paulo?
- É possível organizar a ocupação de terra prescindindo do acampamento na beira da estrada?
- Propõe-se, antes de qualquer coisa, que seja estudada esta estratégia (que nos parece, à primeira vista, um equívoco do MST), antes de buscar soluções, que só atacariam os efeitos ao invés das causas.[34]

As evidências e os fatos levantados na ocasião desse seminário só fazem levantar indicativos de que esse movimento foi criado inicialmente para firmar oposição ao MST na região do Pontal do Paranapanema (um dos locais onde os conflitos agrários são mais evidentes no Brasil). Essa oposição inicialmente foi sustentada e financiada, em alguns momentos, por órgãos governamentais para coibir a principal forma de luta na atualidade, baseada nas ocupações e acampamentos.

Desde a sua fundação em 1998 até dezembro de 2002, o Mast realizou 28 ocupações de terras, agregando aproximadamente duas mil famílias de camponeses sem-terra. Os municípios de Caiuá e Presidente Epitácio são os dois grandes campos de atuação desse movimento. Uma interpretação dessa configuração espacial, principalmente nessa região, está ligada estritamente a ação política de seus dirigentes, que possuem cargos de vereadores na região, garantindo assim um empenho e representação dos camponeses com poder público local.

Os municípios onde também surgem, fora desse espaço político dos dirigentes, acampamentos de trabalhadores rurais sem-terra são originários de ocupações antigas, de grupos geralmente dissidentes do MST que, em 1998, foram articulados pela SDS com objetivo de fundar e dar sustentação política ao Mast.

No mês de dezembro de 2002, o Mast organizava no campo paulista 11 acampamentos rurais, envolvendo aproximadamente 400 famílias oriundas majoritariamente da região do Pontal do Paranapanema. Os acampamentos estavam concentrados nos municípios de Caiuá (4), Dracena (1), Panorama (01), Presidente Bernardes (1), Presidente Epitácio (2), Presidente Venceslau (1), Emilianápolis (1) e Teodoro Sampaio (1).

O Mast como estrutura organizativa apresenta dificuldades em formar novos grupos de camponeses sem-terra, realizando uma estratégia de trabalhar geralmente com as mesmas famílias. Quando reivindicam outra área ou protestam contra ações do governo, há uma mobilização nos acampamentos para a formação de grupos menores ou de um grande grupo de acampados, abrindo a suposição de que se trata do surgimento de novos "quadros do Mast". O que de fato há é um rearranjo dos acampamentos e das famílias acampadas.

Observando o Gráfico 04 nota-se que no período de 1998 a 2002 houve um crescimento e uma queda brusca das ocupações e do número de famílias sem-terra envolvidas nesse processo. Em 1999, o Mast conseguiu angariar vários

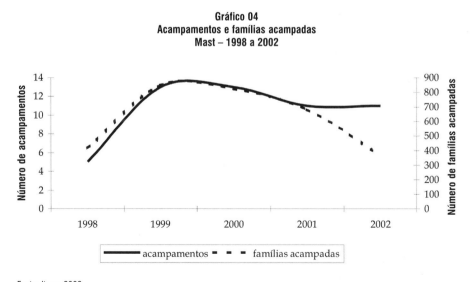

Gráfico 04
Acampamentos e famílias acampadas
Mast – 1998 a 2002

Fonte: Itesp, 2002.
Org.: Feliciano, C. A., 2003.

Figura 04

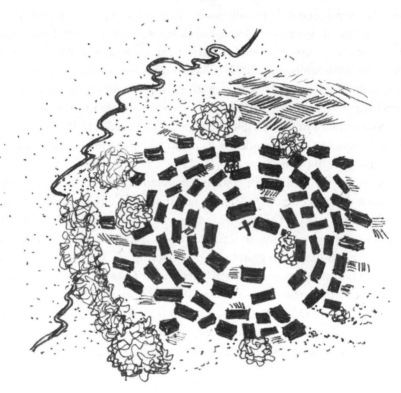

apoios políticos devido à influência da SDS no governo federal. Com o discurso da ocupação sem violência, sem depredação da propriedade, esse movimento ganhou notoriedade também pelas ações de criminalização e denúncias contra o MST. Devido a isso, a partir de 1998 os movimentos dissidentes do MST uniram-se na formação do Mast no Pontal do Paranapanema, como ilustra a Figura 04.

Nos anos subseqüentes percebe-se a queda das ações e forças políticas do Mast. Primeiro, pela mudança de articulação do governo federal com os movimentos sociais em geral, tratando os processos de ocupação como crime e logo em seguida criando medidas provisórias que puniam as ocupações de terras e de prédios públicos. Nesse contexto, há também dissidências dentro do próprio Mast, que, segundo depoimentos de alguns acampados, apresenta uma postura personalista e paternalista, contribuindo para uma relação de dependência e desconfiança.

Apesar de criticar o MST por ocupar fazendas, acampar na beira das estradas, invadir prédios públicos, entre outros, e desejar uma "superação" dessas estratégias, os dirigentes do Mast acabam realizando as mesmas ações e estratégias de luta.

Compreendemos que mesmo apresentando diferenças e contradições políticas entre dirigentes e lideranças dos movimentos, há por parte dos camponeses sem-terra acampados uma unidade e consenso de que estão construindo um processo de luta maior e que a fase que estão vivenciando é necessária para a firmação de sua liberdade e utopia, mesmo sendo do MST, Mast ou outra organização.

Os argumentos levantados por alguns camponeses que saíram do MST que formaram outros movimentos e vincularam-se logo depois ao Mast podem ser sintetizados em um depoimento documentado por uma liderança sobre esse processo de mudança:

> [...] depois de 2 (dois) anos pleiteando terra junto ao MST (Movimento dos Sem-Terra) alguns membros não concordando com algumas atitudes anti-democráticas e inconstitucionais como depredação do patrimônio alheio: fogo no pasto, destruição de pastagens e até reservas ambientais, destruindo cercas, matando gados, cobrança de multa para as pessoas que não participavam das reuniões no final de semana.
>
> Resolveram, no dia 05 de dezembro de 1997, montar um movimento independente – Movimento da Paz Sem-Terra – MPST e tentaram fazer como o próprio nome diz uma luta pacífica pela reforma agrária, porém os órgãos governamentais que deveriam nos ajudar para que essa luta se tornasse mais branda e menos penosa para o trabalhador rural, simplesmente não nos deram respaldo algum.
>
> No dia em que fomos montar o acampamento na rodovia que vai para Taciba próximo ao Córrego Civil. Um pistoleiro por nome de Clemente disparou em sentido aos barracos feitos, um participante pegou sua moto e saiu com medo causando um acidente no qual o motoqueiro morreu.
>
> Após esperar por parte dos órgãos responsáveis as atitudes as quais deveriam ser tomadas (vistoria, cadastramento e desapropriação) resolveram estes trabalhadores rurais fazerem sua primeira ocupação na Fazenda Santa Mônica do proprietário Luciano Alberto Moreira, de Taciba. A reintegração de posse foi executada 11 dias depois, no dia 27/02/98. Após 20 dias, uma nova ocupação foi feita, só que desta vez haviam 18 capangas armados, deram tiros, rasgaram barracos, impediram policiais de entrarem na fazenda, quase acertaram o filho de Antonio dos Santos Sobrinho. Após a entrada da polícia na fazenda, 3 (três) jagunços foram se esconder em uma reserva, os trabalhadores rurais se organizaram e retiraram os três jagunços e ao entregá-los para a polícia um jagunço quase acertou o pé de um PM em um disparo acidental. Depois os jagunços foram levados para a Delegacia de Taciba onde o Pratinha e integrantes da UDR armados renderam o policial responsável pela delegacia e retiraram os jagunços. São eles: Claudino Duarte 53, Iranildo Gomes da Silva 26 e Ednaldo Jesus da Silva 24, foram apreendidas as seguintes armas: uma espingarda 38, uma Winchester 22 e uma espingarda calibre 12 semi-automática, além de 3 pentes de nove tiros, 34 cartuchos, 100 balas para 22, e 26 balas para 38.

Os integrantes do Movimento foram retirados à força pelo Major Amâncio, com bombas de efeito moral, e depois levados para a Delegacia de Taciba onde ficaram até as 22:00 h, sem comer nada, (suas ferramentas de trabalho estão presas até os dias de hoje).

Depois, os trabalhadores voltaram para o acampamento e fizeram uma reunião dia 15 de abril. Mudaram alguns coordenadores e estava criado o Must (Movimento Unido Sem-Terra). Logo após o Must se uniu ao Mast, e mais ou menos final de abril de 1998, o Incra fez o cadastro da cesta básica, e a Dilma, responsável pelo cadastro, informou que o cadastro da terra seria feito quando estivéssemos na terra.[35]

Nesse trecho, podemos perceber o seguinte processo de mudança: primeiro, esses camponeses eram vinculados ao MST e, por não concordarem com suas estratégias "pouco democráticas", criaram movimentos independentes (MPST). Segundo, passando por inúmeras dificuldades e falta de apoio político, mudaram a coordenação do grupo formando outro movimento, o Must. No terceiro momento, procuraram apoio político e começaram a se aproximar da SDS, aceitando a proposta de se unirem na fundação do Mast.

A estrutura organizativa dos acampamentos do Mast e sua configuração espacial não diferem em quase nada dos acampamentos organizados pelo MST. Há secretaria, farmácia, almoxarifado etc. A diferença pode ser encontrada na reprodução de um espaço de socialização política que dificilmente se acha nos acampamentos. As informações e assembléias são coordenadas apenas pelos dirigentes do Mast, que ocasionalmente passam pelo acampamento.

Mesmo criticando as ações realizadas pelos camponeses sem-terra organizados pelo MST, as lideranças e famílias do Mast reproduzem as mesmas formas de pressão e reivindicação. Realizam passeatas, ocupam prédios públicos e fazendas, são perseguidos politicamente e ameaçados de morte por fazendeiros da região. Realizam as mesmas ações porque essa é a forma de luta construída e reproduzida na atualizada pelo movimento camponês.

Além de todo pretenso envolvimento político com o Estado e interesses obscuros das lideranças, pensamos que o movimento camponês apoiado pelo Mast é mais uma estratégia de luta camponesa baseada na mobilidade espacial e política conforme o jogo de interesses imediato, tolerando provisoriamente ações muitas vezes autoritárias, antidemocráticas e partenalistas.

A atuação do sindicalismo rural na luta camponesa

Em 16 de abril de 1989, foi fundada no município de Jaboticabal a Federação dos Empregados Rurais Assalariados no Estado de São Paulo – Feraesp. O contexto histórico e político de sua formação está intrinsecamente

A GEOGRAFIA DAS OCUPAÇÕES E DO MOVIMENTO CAMPONÊS EM SÃO PAULO

ligado a um processo iniciado pelos trabalhadores rurais do corte da cana na região de Ribeirão Preto.

Segundo Coletti:

> [...] dois elementos fundamentais respaldavam essa proposta (de formação de sindicatos rurais exclusivos dos assalariados): em primeiro lugar, a enorme capacidade de mobilização e luta dos trabalhadores assalariados rurais temporários demonstrada a partir da famosa greve de Guariba de maio de 1986; em segundo lugar, a possibilidade aberta pela Constituição promulgada em outubro de 1988, no que diz respeito à criação de sindicatos sem autorização prévia do Ministério do Trabalho.[36]

A greve de maio de 1984 nasceu de uma luta pela necessidade imediata em manter as condições de trabalho que sofreram alterações com mudanças técnicas provindas por parte dos usineiros que mudaram o sistema de corte da cana de cinco para sete ruas, de forma que cada trabalhador receberia sete fileiras de cana para serem cortadas e amontoadas manualmente.[37]

As reivindicações dos trabalhadores, manifestadas por meio de greves, inicialmente não contaram com a participação dos STR (Sindicato dos Trabalhadores Rurais) e da Fetaesp (Federação dos Trabalhadores na Agricultura do Estado de São Paulo). Trata-se de ações espontâneas, que tomaram cunho político de tamanha grandeza revelando as mazelas e evidenciando a crise representativa do movimento sindical.

Foi nesse contexto que nasceu a Feraesp e os Sindicatos dos Empregados Rurais, em contraposição à Fetaesp e aos Sindicatos dos Trabalhadores Rurais, segundo o atual Presidente da Feraesp:

> Construir uma nova estrutura sindical foi a única alternativa que nos restou, pois o assalariado rural tem que ter sua própria identidade, tem que estar junto numa única entidade que lhe represente de fato, que encaminhe suas lutas e demandas específicas e não ficarem perdidos e abandonados nos STR's e na política suicida e retrógrada da Fetaesp, que insiste em administrar interesses opostos dentro da mesma entidade (assalariados e patrões), e imóvel no tocante à necessidade de organizar os trabalhadores assalariados, não aposta na mobilização da categoria ficando à distância dos desdobramentos que estão ocorrendo com os trabalhadores, mesmo em vista a ofensiva lançada pelo patronato com a mecanização do corte da cana-de-açúcar. Manter-se cego em relação ao que está acontecendo é um direito deles, mas para nós basta! O que nos resta é seguir fortes e unidos no propósito de inaugurar uma nova concepção de estrutura, organização e ação sindical.[38]

Assim como os trabalhadores assalariados começaram a se organizar para lutar por seus direitos, os usineiros iniciaram um processo de tecnificação das relações de trabalho intensificando a mecanização do corte da cana-de-açúcar. Segundo Thomaz:

[...] de todo modo, considerando-se a diferencialidade das condições objetivas do grau de mobilização e organização dos trabalhadores rurais assalariados, o desenrolar das lutas dos trabalhadores foram de fundamental importância para a decisão capitalista de instituir mudanças ("modernização") na agricultura, no sentido do capitalista retomar as rédeas do conflito capital x trabalho, segmentando e redefinindo o papel dos trabalhadores e garantindo o rebaixamento dos custos, pautando-se pois, pelo fortalecimento do controle do processo de trabalho.[39]

Com o aumento da mecanização no corte da cana-de-açúcar, o índice de desemprego nessa região cresceu consideravelmente e a luta pelo retorno à terra começou a germinar como uma nova possibilidade para os trabalhadores. De acordo com o Núcleo de Pesquisa de Conjuntura e Estudos Econômicos da Unesp, o número de trabalhadores do setor agropecuário no período de 1998 e 1999 em Araraquara sofreu uma queda de 50,43%.[40]

Com isso, a Feraesp viu-se imbricada em um dilema que também não é unânime em sua própria entidade, entrando em conflito com a CUT, da qual é filiada, e com a Contag, que até hoje não aceitou seu pedido de filiação. O debate existente no interior do movimento sindical diz respeito à questão da diferenciação entre trabalhadores rurais e a categoria dos "agricultores familiares".[41]

No estatuto social da Feraesp, aprovado em 1989 no 1º Congresso, realizado no município de Jaboticabal, não constava de seus princípios a necessidade e reivindicação da luta pela terra e pela reforma agrária, conforme pode ser observado a seguir:

> Art 1º A Federação dos Empregados Rurais Assalariados do Estado de São Paulo, entidade sindical de segundo grau, com sede e foro na cidade de Campinas, Estado de São Paulo, base territorial em todo o Estado de São Paulo, é constituída para fins de representação legal, coordenação e defesa dos interesses individuais e coletivos da categoria profissional dos empregados assalariados nas atividades rurais e organização dos Sindicatos filiados, regendo-se pelas leis em vigor e pelos Estatutos Sociais.
>
> § 1º – A Federação dos empregados Rurais Assalariados do Estado de São Paulo terá duração por tempo indeterminado.
> § 2º – A representação sindical da Federação abrange os empregados rurais assalariados em atividades agrícolas, pecuária e similares, extrativistas, hortifrutigranjeiras e afins, que prestam serviços às pessoas físicas, jurídicas e às empresas agro-industriais (extrativistas, pecuária, comerciais, florestamento e reflorestamento, hortigranjeiras, em propriedades rurais de pessoas físicas, etc.) que explorem as atividades rurais acima descritas.

> § 3º – Considera-se empregado rural para fins deste Estatuto a pessoa física que presta serviços nas propriedades rurais que explorem produto vegetal e ou animal de qualquer natureza, mediante a percepção de salário.[42]

Em nenhum momento falou-se em uma ação de apoio à luta pela terra e aos camponeses sem-terra. Esse é um debate recente que vem sendo travado no interior do sindicalismo rural. O que fazer com os camponeses que, ao contrário das interpretações políticas/ideológicas/acadêmicas, não desapareceram?

É compreensível que o contexto da formação desse estatuto estivesse no auge das manifestações trabalhistas dos cortadores de cana, em oposição aos vínculos tradicionalmente estabelecidos entre sindicato, usineiros e Estado. Porém, deveria apoiar-se ainda em projeções outras sobre o desenvolvimento da agricultura brasileira, pois mais adiante a própria realidade mostrou ser diverso e mais complexo do que se acreditava ser a pura transformação do camponês em assalariado rural temporário.

É no bojo dessas contradições do modo capitalista de produção que interpretamos o campo brasileiro. Nessa região, o capital primeiro expropriou os camponeses de seus meios de produção, fazendo-os migrar para as cidades. Depois, transformados em trabalhadores assalariados temporários, foram impedidos de vender sua força de trabalho em razão da modernização da agricultura, devido à mecanização no corte da cana-de-açúcar. Essa mecanização é sustentada inclusive por um discurso ambientalista conveniente para que os usineiros retomem o poder no campo das relações de trabalho.

Após o processo de expropriação e exploração, esses camponeses passaram a reivindicar direitos mais amplamente, além de melhores condições de trabalho e reajustes salariais. Lutavam agora pela criação e reprodução de um modo de vida em que fossem sujeitos e formadores de sua própria história. Por isso questionaram a propriedade da terra, seu uso e sua função e decidiram realizar ocupações de terras, materializando no território essa vontade coletiva.

A primeira ocupação nessa região se deu no início da década de 1980, no município de Araraquara, quando um grupo de 45 famílias ocuparam a usina Tamoios. Estava em curso a formação do MST no estado de São Paulo. Logo após essa ocupação, foram despejados e formaram acampamento no horto Loreto, em Araras, e em seguida, despejados, deslocaram para o horto Sumaré, ambas de propriedade da Fepasa.

Nesse ínterim, nota-se alguns indicadores da formação de uma nova frente de luta no campo, que passou desapercebida pelos dirigentes sindicais rurais.

Somente no II Congresso da Feraesp, em 1990, a questão das ocupações de terras ficou evidenciada como um frente de luta, conforme relatou Thomaz:

> A questão específica das ocupações de terra no âmbito da Feraesp (apesar de não haver unanimidade dentro da própria direção) toma a dianteira desse processo na porção do território canavieiro onde se concentram as maiores empresas sucro-alcooleiras do Estado e apesar do limite legal configurado no enquadramento sindical, a reavaliação feita no II Congresso da Feraesp, conclui que a luta pela terra não havia sido devidamente entendida e por conseqüência, encampada como um dos eixos dos enfrentamentos colocados para os assalariados rurais. Tanto é que, entre 1989 e 1994, os enfrentamentos direcionados para esse plano específico da luta dos assalariados se consubstanciou na existência de outros núcleos – que se somaram aos já existentes a partir fundamentalmente da 2ª metade dos anos 80 – como a) em Motuca e Silvânia (Monte Alegre), com 5 núcleos e 4.000 ha e, Jaboticabal em 1991 e; b) em 1992, o Horto Guarani, uma reserva da Fepasa, com 6.000 ha, localizado defronte ao portão principal da Usina São Martinho, em Pradópolis.[43]

O II Congresso contou com a participação de lideranças dos assentamentos, que buscavam apoio e respaldo político para a continuidade dessa nova forma de luta recriada pelos camponeses, como ficava evidenciada no seguinte pronunciamento do presidente da Feraesp:

> [...] disseminar as ocupações como prática concreta e alternativa de conquista de cidadania dos trabalhadores, confrontando o reinado dos usineiros, sendo que, para tanto, se faz necessário buscar apoio das entidades da sociedade civil organizada que se identificam com essa luta, dos demais sindicatos da CUT, do MST (que por sinal tem 10 anos de experiência e legitimidade nacional) e não entrarmos em provocações vindas diretamente das entidades dos trabalhadores e, daí, partirmos desnecessariamente para o enfrentamento com pessoas erradas, ou seja, nosso alvo é outro e o inimigo também.[44]

A primeira ocupação de terra, realizada por 571 famílias de camponeses sem-terra, com apoio da Feraesp, foi no horto florestal Guarani, em 1992, localizado no município de Pradópolis e de propriedade da Fepasa. A partir de então, desencadeou-se uma série de ocupações organizadas por essa entidade sindical, principalmente em áreas públicas estaduais, questionando sua destinação e funcionalidade.

O movimento camponês conquistou parcelas do território capitalista, transformando antigos hortos florestais em assentamentos rurais, principalmente pela adoção da estratégia de questionar áreas do próprio Estado que não cumpriam a destinação prevista. Estava em processo a territorialização do movimento camponês naquela região. Segundo o Itesp:

[...] em 3 de setembro de 1998, em audiência pública com cerca de 500 trabalhadores rurais, movimentos, sindicatos, deputados, prefeitos e vereadores, e na presença do Ministro Raul Jungmann, o governador em exercício Geraldo Alckmin anuncia medidas para a implantação imediata de assentamentos provisórios e definitivos em 11 hortos e estudos para outros 5. O Ministro assume o compromisso público de proceder à destoca dos hortos para o efetivo aproveitamento de sua área agrícola. Em 28 de setembro, ato normativo do Governador autoriza a transferência das 16 áreas para o Itesp.[45]

Das ocupações e acampamentos realizados por camponeses sem-terra nessa região (que abrange Araraquara, Araras e Ribeirão Preto), foram conquistados até dezembro de 2002 por volta de 25 assentamentos rurais, abrangendo uma área de aproximadamente 26 mil hectares, onde cerca de 1.600 famílias reordenaram a configuração territorial dos espaços e possibilitaram, assim, a recriação de um modo de vida baseado principalmente no trabalho familiar.

A Feraesp participou e ainda participa desse processo de territorialização do movimento camponês ao apoiar as ações de famílias camponesas sem-terra nas ocupações e acampamentos, como pode ser observado na Tabela 16. Das 11 ocupações e iniciadas em 1992 pela Feraesp, dois acampamentos transformaram-se em assentamentos: horto Guarani, em Pradópolis, e horto florestal Córrego

Tabela 16
Ocupações e acampamentos organizados pela Feraesp – 1992 a 2001.

Município	Imóvel	Proprietário	Número de famílias*	Data da ocupação
Pradópolis/Guatapará	Horto Florestal Guarani	Fepasa	372	22/08/1992
São Simão	Estação Experimental de São Simão	Secretaria do Meio Ambiente	170	31/08/1996
Boa Esperança do Sul	Fazenda Cachoeirinha	Banco do Estado do Paraná	52	10/01/1997
Bocaina	Fazenda Fortaleza	Banco do Estado do Paraná	22	10/01/1997
Jaboticabal	Horto Florestal Córrego Rico	Fepasa	50	29/05/1998
Dumont/Guatapará	Fazenda Resfriado	Fundação Sinhá Junqueira	450	03/09/1999
Sertãozinho	Estação Experimental de Zootecnia	Secretaria da Agricultura e do Abastecimento	600	03/09/1999
Colina **	Estação Experimental de Zootecnia	Secretaria da Agricultura e do Abastecimento	47	08/2000
São Simão	Estação Experimental de São Simão	Secretaria do Meio Ambiente	15	07/01/2001
Santa Rita do Passa Quatro	Fazenda Piraí	Particular	70	13/01/2001
Santa Rita do Passa Quatro	Fazenda Califórnia	Particular	100	22/01/2001

* O número de famílias refere-se à data da ocupação, podendo ocorrer variações durante o processo de luta.
** O grupo está acampado desde 1996, estando vinculado ao MST, STR de Barretos, depois movimento independente e até janeiro de 2006 vinculando-se à Feraesp.

Rico, em Jaboticabal. Ainda há no campo paulista quatro acampamentos de camponeses sem-terra organizados pela Feraesp lutando pelo acesso à terra nessa região. São eles: acampamento Santa Maria, com cerca de 185 famílias, que estão ocupando a estação experimental de São Simão; o acampamento da fazenda Cachoeirinha, em Boa Esperança do Sul, o acampamento da fazenda Fortaleza, no município de Bocaina, e as cinqüenta famílias acampadas no município de Colina, na estação experimental de zootecnia.

O acampamento Santa Maria, localizado na estação experimental de São Simão, foi formado em 31 de agosto de 1996, organizado pela Feraesp. As cerca de 170 famílias são procedentes dos municípios de São Simão, Santa Rosa do Viterbo, Cajuru, Ribeirão Preto, Luis Antonio e Santa Rita do Passa Quatro (estas últimas uniram-se ao grupo em julho de 2001). Os acampados questionam o total abandono do horto florestal de aproximadamente 2.750 hectares que está sob administração da Secretaria do Meio Ambiente.

Durante todo o processo de luta, essas famílias já passaram por dois despejos, ficando, em um primeiro momento, acampados em uma estrada vicinal, e depois, em um sítio alugado pela Feraesp. A partir de 1998, elas ocuparam novamente a área e, devido à indefinição do governo estadual sobre a sua destinação, decidiram "dividir a área na corda" em lotes individuais, transformando o território abandonado em unidades de produção camponesa.

As famílias iniciaram o plantio por conta própria e sem qualquer auxílio, incentivo ou financiamento do Estado, e grande parte da produção é vendida no comércio local e regional. Segundo depoimentos das famílias, deram novo sentido para aquele espaço, transformando, por exemplo, as estruturas do Centro da estação experimental em espaço de formação, com cursos e palestras promovidos pelo Centro de Educação Tecnológica Paula Souza, por meio do Programa de Qualificação e Requalificação Profissional. Com os cursos de formação, famílias aprenderam a desenvolver os derivados do leite, processamento de carne bovina e suína, hortaliças convencionais e orgânicas, viveirismo e piscicultura.

Porém, a ameaça de despejo, as perseguições e discriminações também estão presentes na vida dessas famílias. Como estão espacialmente distribuídas por toda a área, uma ação de reintegração de posse torna-se quase inviável, mas não é descartada pela Secretaria do Meio Ambiente, que freqüentemente ameaça fazer cumprir o despejo. Os acampados relatam que vez ou outra sobrevoam alguns helicópteros e até um dirigível da polícia militar vigiando as ações e movimentação das famílias.

A estação experimental estava em completo abandono e não se obteve uma proposta firme do governo estadual quanto à destinação da área para a implantação de um projeto de assentamento rural. Enquanto isso, as famílias camponesas tomaram para si mesmas a tarefa de dividir a área "na corda" e reconstruir suas vidas.

Uma das características das ocupações realizadas pela Feraesp é procurar áreas públicas abandonadas e firmar, por meio da divisão em lotes e do início do plantio na área ocupada, a criação de um espaço e fato político concreto perante a sociedade e o Estado. As famílias camponesas sem-terra acabam tornando-se "posseiras", lutando e resistindo para depois se transformarem em assentadas. Quando se chega aos acampamentos de São Simão, Boa Esperança do Sul e Bocaina não há clara definição de que seja um acampamento, mas sim um assentamento provisório ou de sítios, possuindo uma configuração territorial e social com uma identidade comunitária camponesa.

Em 10 de janeiro de 1997, em uma ação conjunta, dois grupos de camponeses sem-terra vinculados à Feraesp ocuparam a fazenda Cachoeirinha e a fazenda Fortaleza, em Boa Esperança do Sul e Bocaina, respectivamente. Essas duas áreas, pertencentes a João Baptista Sahm, foram entregues ao Banco do Estado do Paraná (Banestado) como pagamento de dívida e encontravam-se em completo abandono, segundo as famílias. Antes de entrarem definitivamente na área, dividiram-na em lotes individuais; no entanto, passaram por aproximadamente nove ações de despejo, impetradas por um arrendatário que utilizava parte das terras das fazendas.

Em abril de 2000, com o abandono da área pelos arrendatários, as famílias decidiram dividir definitivamente as fazendas em lotes individuais variando de 6 a 10 hectares. Na divisão territorial, cerca de 120 hectares foram destinados à área de reserva florestal. As famílias plantam e comercializam sua produção nos município local e circunvizinhos. Cultivam milho, arroz, feijão, mandioca, hortifrutigranjeiros e criam bovinos e suínos. Há famílias do acampamento em Boa Esperança do Sul que fornecem até mesmo parte de seu plantio para o abastecimento do hospital municipal.

As famílias reordenaram o espaço, materializando suas crenças por meio de capela local; sua relação com o meio natural, preservando as matas ciliares e criando reservas; sua modernidade, implantando o cultivo de hortaliças em estufas; sua formação e politização, com o projeto de uma escola de alfabetização para jovens e adultos, seguindo os "métodos de Paulo Freire", como eles dizem. O acampamento, apesar de todas a ameaças e inseguranças, não é encarado pelas famílias como um espaço transitório ou temporário, de acordo com o estudo de Turatti (1999) e Fernandes (1996 e 1999). Com isso, podemos indicar que a consolidação de um acampamento possui variações que dependem da forma de organização e resistência das famílias, das correlações de forças de seu oponente e do apoio da sociedade local ao perceber os possíveis benefícios para a comunidade.

Em 2 de janeiro de 2002, o Banestado foi comprado pelo Banco Itaú, que concordou em negociar a área com Incra por meio da aquisição efetivada pelo Decreto n. 433/93, o que tornou o clima no acampamento menos tenso, mas com a possibilidade de reintegração de posse sempre presente no imaginário das famílias.

A atuação da Feraesp é encarada como um apoio político para elas, uma vez que nenhum representante dessa federação é acampado. A luta é das famílias e isso, segundo os acampados, tem sido deixado claro nas reuniões e assembléias. A Feraesp surge como mediadora nas negociações com o Estado, como responsável pela exterioridade da luta, ao passo que a forma de organização e decisão interna do acampamento fica sob domínio das famílias. Os aspectos externos e internos em algum momento se encontram, já que as lideranças da Feraesp não vivenciam o cotidiano do acampamento.

Somente pela compreensão de uma contradição e disputa política no movimento sindical rural pudemos observar as ações realizadas pela CUT, STRs, Fetaesp, Feraesp e FAF (Federação da Agricultura Familiar) no estado de São Paulo. Ao mesmo tempo em que, no início dos anos 90, a Feraesp e os SERs organizavam os camponeses sem-terra para ocupar fazendas abandonadas, em outro plano, a CUT, os STRs e Fetaesp e mais recentemente a FAF também aproveitavam esse momento histórico reavivado politicamente pelos camponeses por meio das ocupações de terras para atuar junto a eles.

A CUT, em conjunto com os Sindicatos dos Trabalhadores Rurais, realizou até dezembro de 2002 sete ocupações de terras (conforme Tabela 17). Dessas ocupações, cinco resultaram em projetos de assentamento rurais: horto Vergel, em Mogi Mirim, horto florestal Bebedouro, no município que leva seu nome, horto Boa Sorte, em Restinga, e Perdizes e Formiga, no município de Colômbia.

Os únicos acampamentos existentes que contam com a organização da CUT, STR e FAF estão na região de Colômbia e no município de Itapuí. Este último ocupou a estação experimental de Pederneiras e posteriormente acampou na fazenda Olhos d'Água, no município de Itapuí.

O acampamento de camponeses sem-terra de Colômbia foi formado em 4 de janeiro de 1999, quando uma parte das famílias acampadas no município de Colina criou uma estratégia de dividir o grupo para garantir o assentamento em qualquer uma das áreas que viessem a ser desapropriadas. Eles reivindicavam a fazenda Santa Avóia, Sapecada (Colômbia).

Apesar de ter sido publicado o decreto desapropriatório da fazenda Colômbia no *Diário Oficial da União* em 19 de novembro de 1999, houve uma liminar judicial paralisando o processo de desapropriação. Um recurso foi impetrado pelos fazendeiros em razão da entrada de famílias organizadas pelo MLST (Movimento de Libertação dos Sem-Terra) em julho de 2001, o que

Tabela 17
Ocupações e acampamentos realizados pela CUT, STRs, Fetaesp e FAF – 1995 a 2000

Município	Imóvel	Proprietário	Famílias*	Data da ocupação	Organização
Colômbia	Fazenda Sapecada	Fernando e Isidoro Coimbra Araújo	40	10/05/1995	CUT/STR de Planura - MG
Colômbia	Fazenda Perdizes	Cia. Agrícola e Pastoril do Rio Grande	17	12/02/1996	CUT/STR de Planura - MG
Colômbia	Fazenda Formiga	Joaquim Pereira Barcelos	50	19/06/1996	CUT/STR de Planura - MG
Bebedouro	Horto Florestal Bebedouro	Fepasa	150	02/1997	CUT
Mogi Mirim	Horto Vergel	Fepasa	250	12/10/1997	CUT/ STR de Sumaré
Restinga	Horto Florestal Boa Sorte	Fepasa	230	01/01/1998	CUT e Sindicato dos Sapateiros de Franca **
Mogi Guaçu	Fazenda Campininha	Secretaria do Meio Ambiente	195	20/06/1998	Fetaesp/STR de Araras
Barretos	Santa Avóia II	Particular	25	02/2000	STR de Barretos***
Pederneiras	Estação Experimental de Pederneiras	Instituto Florestal	150	14/07/2000	FAF/CUT

* O número de famílias remete-se à data da ocupação, podendo ocorrer variações durante o processo de luta
** Havia três grupos presentes no acampamento: MST, CUT e STR.
*** Atualmente o grupo vinculou-se a Feraesp.

gerou um conflito entre os grupos, pois, baseando-se na medida provisória do governo federal, ficaria suspenso o processo de desapropriação. Além disso, estavam sendo questionados os laudos de produtividade realizados pelo Incra.

As famílias, até o final da redação deste livro, encontravam-se acampadas na beira da estrada municipal conhecida como Corredor Municipal, aguardando a decisão judicial sobre a continuidade ou não do processo de desapropriação. Nesse meio tempo, os fazendeiros se fortaleceram e articularam novas forças políticas, entrando com um pedido de interdito proibitório, que torna inviável a entrada das famílias na fazenda. Além desses recursos judiciais, as famílias relatam a presença de homens armados na fazenda Colômbia, os quais freqüentemente realizavam disparos em direção ao acampamento dos camponeses sem-terra.

Há ainda um outro acampamento realizado pela FAF, filiada à CUT: o acampamento 15 de julho, que iniciou o processo de luta no município de Pederneiras e, posteriormente, deslocou-se para Itapuí, na fazenda Olhos d'Água.

Essa federação foi criada em 1999 pelo Departamento Estadual de Trabalhadores Rurais da CUT com a finalidade de organizar especificamente os agricultores familiares e, desde então, tenta filiar-se à Contag. Também montou uma série de sindicatos da agricultura familiar em diversas regiões do estado de São Paulo, criando uma estratégia que suportasse a fundação de uma Federação da Agricultura Familiar.

A ocupação da estação experimental de Pederneiras ocorreu em 14 de julho de 2000, quando um grupo de 25 famílias provindas das regiões de Campinas, Hortolândia, Nova Veneza e Cordeirópolis ocuparam a área sob administração do Instituto Florestal. As famílias sem-terra, com essa ocupação, iniciavam uma série de denúncias sobre as irregularidades ocorridas na estação experimental, como o arrendamento de parte da estação para o plantio de cana-de-açúcar e criação de gado.

Já sabendo da destinação e finalidade da estação experimental e dos obstáculos que encontrariam pelo caminho, as famílias apresentaram aos órgãos públicos e imprensa um anteprojeto de assentamento rural no horto florestal de Pederneiras, contendo os seguintes objetivos e compromissos:

Objetivos:

1) unir na natureza o homem-animais-floresta;
2) desenvolver projeto de desenvolvimento de conservação da fauna e flora e produção agrícola;

Justificativa:
Somos famílias das periferias das grandes cidades e desempregados, que já estávamos passando fome. Como não temos vocação para roubar, nem matar, também não queremos ficar marginalizados, à mercê da caridade das pessoas, debaixo de viadutos e pontes. Por isso é que queremos lutar pela terra, porque é na terra que vamos poder matar nossa fome e das nossas crianças e, contribuindo para evitar o aumento da marginalidade, criminalidade e violência nas cidades.

Compromissos:
- Na área de 2.143 ha, vamos utilizar 30% para o plantio de lavouras, como arroz, feijão, milho, mandioca, café e outros;
- Queremos, também, desenvolver uma cultura hortifrutigranjeira, assim como a criação de peixes, abelha e avestruz;
- Que a utilização dos 30% de área para as atividades relacionadas não causará prejuízo à natureza já existente;
- Construção de uma agrovila, com estudo e acompanhamento técnico de Universidades e do Itesp, com a infraestrutura adequada que garanta: igreja, escola, posto de saúde, creche e área de esporte, lazer e cultura;
- Restauração da nossa dignidade como cidadãos brasileiros;
- Possibilidade de, além de garantir a subsistência das famílias assentadas, proporcionar a geração de trabalho para outras pessoas das cidade de Pederneiras, Bauru e região.

A estação experimental de Pederneiras possui uma área de 2.143 hectares adquirida pelo governo estadual com fins específicos de realização, a partir de 1958, de experimentos e reflorestamentos pelo antigo Serviço Florestal do Estado. Em relatório técnico apresentado pelo Itesp e pela Secretaria do Meio Ambiente, a estação possuía 360 cabeças de gado, utilizado no manejo florestal (silvipastoril, fazendo uso de 97,48 hectares) para o controle de vegetação de gramíneas, uma área ocupada com o plantio de pínus (478,20 hectares) e eucalipto (819,37 hectares) e 226 hectares com serviços (estradas, aceiros, sede etc.).

Nesse meio tempo, as famílias iniciaram o plantio de abóbora e milho na área ocupada. As negociações sobre a destinação de parte da estação para a implantação do projeto de assentamento com o Instituto Florestal, Secretaria da Justiça e Defesa da Cidadania e FAF/CUT não avançaram em virtude de um embasamento técnico que demonstrava a insuficiência de área disponível para o assentamento das famílias. Com isso, os camponeses assinaram um termo de compromisso de saída pacífica da área até o dia 23 de abril de 2001, prazo esse reivindicado pelas famílias com a finalidade de colher as lavouras plantadas no início da ocupação.

Antes mesmo desse acordo, no momento de negociação de permanência, os acampados quase foram despejados no final de dezembro de 2000, fato que não ocorreu devido a um recurso impetrado pelos advogados dos camponeses, sob a alegação de que as crianças acampadas, com esse processo de despejo e saída da área, perderiam o ano letivo de 2000, que estava próximo de seu encerramento.

Passado o acordo assinado com o Estado, as famílias saíram da área em 23 de abril de 2001 e ocuparam território cedido temporariamente pela prefeitura municipal de Pederneiras, no km 223 da SP-225. Mesmo reivindicando o assentamento das famílias na estação Experimental de Pederneiras, elas deslocaram-se e uniram-se ao grupo acampado na fazenda Olhos d'Água, no município de Itapuí, em 14 de fevereiro de 2002 e, segundo depoimentos das lideranças, sem possuir vínculos com nenhuma organização, autodefinindo-se independentes. Estão aguardando alguma definição do Incra e Itesp.

O Movimento de Libertação dos Sem-Terra (MLST) e sua atuação em São Paulo

O Movimento de Libertação dos Sem-Terra foi fundado em agosto de 1997 pela articulação política principalmente de seu coordenador nacional, Bruno Maranhão, sustentado em sua base por movimentos ou grupos independentes que não possuíam vínculo com sindicatos, partidos, com o MST ou que eram dissidentes dessas organizações.

|165|

[...] o MLST é fruto de um esforço feito pelos seus coordenadores que conseguiram unificar grupos de trabalhadores rurais sem-terra independentes localizados regionalmente em 7 Estados da Federação, que são, por ordem de importância no desenvolvimento do movimento: Maranhão, Pernambuco, Minas Gerais, Rio Grande do Norte, Paraíba, São Paulo e Bahia. Na verdade, por meio do trabalho de algumas pessoas, o movimento surgiu par unificar focos de luta isolados, grupos independentes e grupos de trabalhadores dissidentes de outros movimentos, formando um movimento nacional que luta pela Reforma Agrária e pelo socialismo.

Sobre seus três projetos estratégicos, continua:

Na luta pela Reforma Agrária e pelo Socialismo, o Movimento de Libertação dos Sem-Terra apóia-se em três pilares (projetos) estratégicos que são: a) a reestruturação produtiva do campo brasileiro tomando como base a proposta da formação de Empresas Agrícolas Comunitárias em substituição ao latifúndio e à grande empresa capitalista, apontando para uma mudança radical na relação de propriedade; b) a construção da consciência revolucionária, baseada na necessidade de uma reforma agrária que acabe com os privilégios e com a injustiça econômica, social e política no campo brasileiro; c) e a edificação do poder popular tendo como cenário principal o campo nas áreas de acampamento, assentamentos, empresas agrícolas comunitárias e nos entornos municipais, mas também nas organizações de luta por reforma agrária e nos grandes centros urbanos, através das organizações populares de solidariedade presentes na área do operariado fabril e demais setores da população trabalhadora.

Apesar de sua estrutura e coordenação não se apresentarem como dissidência do MST, a sua base era formada, pelo menos em São Paulo, por famílias provenientes de acampamentos vinculados ao MST, como foi o caso da fazenda São José II, em Brejo Alegre, ou por pessoas simpatizantes ao MLST nos assentamentos do horto florestal Boa Sorte, no município de Restinga, e mais recentemente com as famílias que migraram de Buritama para São Carlos.

Em Brejo Alegre, cerca de 180 famílias camponesas sem-terra dos municípios de Penápolis, Birigui, José Bonifácio, Ubarana e Coroados ocuparam a fazenda São José, de propriedade de José João Abdala, de aproximadamente 3.300 hectares. A ocupação foi organizada pelo MLST, em 2 de setembro de 1998. Treze dias depois, sofreram ação de reintegração de posse, formando um novo acampamento em uma via municipal, sendo que dias depois houve reintegração movida pela prefeitura. Após os dois despejos, migraram para a área de reserva do assentamento rural em Birigui e, após um ano, o grupo dividiu-se, ficando 70 famílias acampadas na área da reserva e 21 famílias em um lote de um assentado.

Em dezembro de 2000, já não havia mais nenhuma atuação do MLST nos dois acampamentos existentes no município de Brejo Alegre. Após essa ação frustrada, suas lideranças realizaram uma nova frente de ocupação contando com o apoio do Sindicato dos Sapateiros de Franca. Ocuparam a fazenda Santana do Guaraciaba, no município de Franca, em 14 de abril de 2001, mobilizando cerca de 250 famílias, em sua maioria desempregadas da zona urbana (sapateiros, motoristas etc.). Após serem notificados que a ação de reintegração solicitada pelo fazendeiro Milton Jacinto de Guimarães foi concedida pelo juiz da comarca local, em maio de 2001, as famílias transferiram o acampamento para o município de Barretos, na fazenda Queixada, onde encontraram resistência de um outro grupo que reivindicava a área, organizado pelo STR de Colômbia, como relatado anteriormente.

Nessa ocasião, ao ocupar a fazenda Guaraciaba, em Franca, e a fazenda Queixada, em Barretos, o MLST prejudicou, conscientemente ou não, os dois processos de luta, pois nesse momento estavam entrando em vigor as medidas provisórias do governo FHC que puniam os movimentos que "invadissem" fazendas e prédios públicos.

Após o confronto entre os dois grupos e com uma ação de reintegração de posse para ser cumprida, ocorreu uma diminuição do número das famílias, pois se assustaram com as sucessivas reintegrações e as ameaças vivenciadas em Barretos. Resolveram, então, voltar para Franca e instalar o acampamento em uma área cedida pela prefeitura municipal.

Passado o prazo de sessenta dias cedido pela prefeitura, as vinte famílias saíram da área e ocuparam o horto florestal São Carlos, de propriedade do Estado, mas com contrato de arrendamento com a Ripasa até 2007. Como restavam apenas oito famílias desse processo, o MLST buscou formar um novo quadro, trazendo cerca de 25 famílias de um grupo independente de Buritama, região de Araçatuba, que estavam acampadas desde setembro de 1999. Após uma ação de reintegração de posse concedida à Ripasa, as famílias foram despejadas do horto. Montaram, então, o acampamento na fazenda Capuava, em 15 de dezembro de 2001. Logo após outro despejo, acampam às margens da estrada do horto São Carlos. Uma ação de despejo foi movida pela DER, mas não chegou a ser cumprida, pois as famílias acampadas voltaram para seu município de origem, em Buritama.

O que fica nítido na atuação do MLST em São Paulo é que essa organização não consegue formar novos quadros e sustentar sua base. A sua organização é apontada como mais forte em Minas Gerais, onde, segundo a direção do movimento, existem cerca de sete mil famílias envolvidas em suas ações. De acordo com Mitidiero:

> [...] o movimento está organizado em 6 estados do país que são: Pernambuco com 3 assentamentos e 2 acampamentos, Minas Gerais com 10 assentamentos e 7 acampamentos; em São Paulo com 1 assentamento e 1 acampamento, no Maranhão com 15 assentamentos e 1 acampamento, no Rio Grande do Norte com 3 assentamentos e 2 acampamentos e na Bahia com 6 acampamentos.[46]

O MLST não apresentava, até dezembro de 2002, acampados com uma base organizada devido a seus próprios princípios e projetos relatados anteriormente. De sua pequena participação no estado de São Paulo, nota-se que é uma organização com vínculos partidários ainda obscuros que busca contabilizar acampamentos e número de famílias acampadas sem forte socialização política sobre questão agrária no Brasil. Essa falta de mobilização organizativa é materializada por meio do abandono nos acampamentos e da grande desistência das famílias em cada obstáculo enfrentado nessa longa caminhada do movimento camponês.

Movimento camponês independente

Há no estado de São Paulo um conjunto de integrantes da luta camponesa fundamentada em ocupações e acampamentos que se autodenominam movimentos ou grupos independentes. Essa postura se dá principalmente por não desejarem vínculos com movimentos sociais organizados (MST, Mast, MLST), sindicatos e partidos políticos. Podem se autodenominar independentes desde o princípio da luta, antes da ocupação ou assumir-se como tais em seu processo, por meio da dissidência com outros grupos. O termo independente representa para esses camponeses estar "livre" do autoritarismo, das regras, normas e punições impostas por algum elemento, principalmente de fora do grupo.

Esses movimentos geralmente apresentam-se mais frágeis na articulação política, porém construíram um rico e complexo sentido de unidade que permite lutar e resistir abertamente pelos seus direitos, sem que o acampamento se desmobilize ou acabe. Um elemento que indica essa unidade é a manutenção do número de famílias em quase todo o processo. Como já foi mostrado, há ocupações e acampamentos massivos, que por estratégia política para atrair a atenção do Estado e da mídia conseguem aglutinar cerca de 500 e até 1.500 famílias, mas que durante seu processo de luta acabam diminuindo, subdividindo-se ou até mesmo se dispersando. Dificilmente isso ocorre com esses movimentos independentes, pois em geral são formados por pequenos grupos de trinta ou quarenta famílias do mesmo município ou região, que mantêm o acampamento durante todo esse processo.

A forma de organização interna dos acampamentos independentes não difere das outras já realizadas pelos mais diferentes movimentos sociais: há assembléias, setores que cuidam do transporte, educação etc. Essas formas são acúmulos de conhecimentos e de lutas construídos coletivamente que se espacializaram e tornaram-se comum a todos os acampamentos e ocupações de terras.

A formação de um grupo ou movimento independente não apresenta uma característica única, ela pode se constituir de diversas formas. Ele abre a possibilidade de, em alguns momentos e de acordo com interesses geralmente imediatistas, criar vínculos temporários com outros agentes, como o apoio de advogados, de sindicatos, membros da CPT, ONGs, vereadores etc. Ser independente, pelos depoimentos dos camponeses sem-terra, não significa estar isolado e descontextualizado do processo político: é ter a liberdade de decidir conjuntamente sobre suas ações sem ter de seguir um padrão, linha, diretriz ou forma de organização "imposta" por lideranças externas.

A grande maioria dos grupos independentes são dissidências de um outro movimento social, principalmente do MST. Os argumentos freqüentemente levantados por essas famílias percorrem questões referentes às formas rígidas de organização interna no acampamento, às decisões tomadas sem a discussão com o grupo, à omissão de informações sobre os processos de desapropriação, além de fatores que passam pelo aspecto pessoal na relação com famílias acampadas e lideranças.

Para analisar o processo de luta desses movimentos independentes, optamos em mostrar a trajetória e contradições de três desses grupos: os acampados de Itapura, Rincão e Paulicéia.

Os camponeses sem-terra de Itapura

Em 14 de novembro de 1996, um grupo de cem famílias organizadas pelo MST e provindas do acampamento na fazenda Anhumas, município de Castilho, decidiu ocupar a fazenda Santa Fé, município de Sud Menucci, região noroeste do Eetado de São Paulo. Os camponeses sem-terra afirmaram que, em reunião com o Incra/SP, foram informados que o laudo de vistoria da referida fazenda realizado em 1994 indicava improdutividade. Porém, logo após a entrada das famílias na fazenda, esse mesmo órgão apresentou um outro laudo apontando que a fazenda Santa Fé era produtiva, fazendo com que as negociações voltassem atrás.

O fazendeiro Conceição Nunes Ferreira entrou com uma solicitação de liminar de reintegração de posse. As famílias conseguiram realizar um acordo com a juíza Tânia Yuca Toroku, de Pereira Barreto, mostrando um vídeo da área de 45 alqueires em que estavam plantando (milho, arroz, feijão e mandioca), garantindo assim um prazo de seis meses para a colheita dos produtos. Nesse período, previam a entrega dos laudos de vistorias de fazendas da região, conforme prometido pelo órgão federal.

Passados os meses do acordo, o Incra não apresentou os laudos e as famílias passaram por um processo de despejo, perdendo 60% da área cultivada, como relatou a liderança local:

> [...] de 45 alqueires de lavoura plantada, perdemos 60% devido ao pequeno prazo que o Incra conseguiu por falta de força e vontade do Sr. Moisés [funcionário do Incra], privando os acampados de alimentos, porque após os 60 dias, os acampados colheriam seus mantimentos e desocupariam a propriedade, vez que ia dar cobertura para o proprietário gradear toda a área que estava em poder dos acampados [...] se voltarmos a plantar na área, está sujeito de pagar uma multa diária de 1.0000,00 (mil reais) estipulado pelo MM juíza da comarca de Pereira Barreto, devido a lista de nomes dos acampados fornecidos pelo Sr. Moisés, superintendente adjunto do Incra, embora nós do acampamento fomos totalmente contra.[47]

Em maio de 1999, as famílias sofreram ação de despejo e formaram o acampamento no acostamento da rodovia SP-310. Durante as negociações junto ao Incra, as famílias enviaram um relatório com o histórico do acampamento e as dificuldades vivenciadas ao senador Eduardo Suplicy, pedindo sua intermediação no órgão federal, com o intuito de acelerar as vistorias e desapropriações de terras naquela região.

Após o desgaste das negociações das lideranças do MST com o Estado e as constantes ameaças de despejo, ocorreu um rompimento interno dentro do acampamento com relação às posturas e ações políticas distintas no processo de luta. Nesse conflito interno, o número de famílias diminuiu e parte do grupo decidiu montar acampamento próximo à fazenda Nova Itapura, município de Itapura, em março de 2000, e continuar a luta de forma independente.

Cerca de oitenta famílias de camponeses sem-terra, após o rompimento com as lideranças do MST, formaram a Associação Agrária dos Trabalhadores Rurais de Sud Menucci, reivindicando a desapropriação da fazenda Nova Itapura, o assentamento das famílias acampadas e a realização de novas vistorias na região. Assim como em todos os acampamentos rurais, a precariedade é grande e as ameaças inúmeras. Nesse caso, as famílias passaram por um episódio quase trágico em julho de 2000, quando uma carreta Scania desgovernada invadiu o acampamento durante a noite e foi "barrada" somente ao encontrar parado um fusca de um camponês, arrastando-o por cerca de quarenta metros. Segundo notícia veiculada no jornal regional, "as famílias dormiam na hora do acidente e acordaram assustadas com lona, pedaços de bambu usados na sustentação dos abrigos e utensílios domésticos caindo por todos os lados".[48]

O processo de desapropriação da fazenda Nova Itapura não obteve resultados favoráveis aos acampados, pois o proprietário, Paulo Godoi de Moreira, apresentou ao órgão federal um projeto técnico que estava em desenvolvimento na fazenda. Essa prática dos fazendeiros em algumas regiões do estado é bem comum, pois não há fiscalização do Estado para verificar se de fato há um projeto em desenvolvimento e um acompanhamento sobre sua efetivação. Ações desse tipo fortalecem o poder político dos proprietários rurais, permitindo que sua área não seja desapropriada.

Até o final de 2005, o grupo ainda aguardava os processos de desapropriações de várias fazendas da região que foram consideradas improdutivas. Preferiam continuar trabalhando de forma independente, sem vínculos diretos com outros movimentos ou organização. Nesse sentido, há, sim, unidade relativa a apoio à luta pela reforma agrária naquela região, mas os assuntos que dizem respeito ao acampamento são tratados e decididos apenas com as famílias sem-terra do próprio grupo.

Os "assentados" de Paulicéia

A trajetória desse grupo foi analisada devido a dois fatores: o tempo de luta e as variações na coordenação do acampamento. Em setembro de 1993, as famílias camponesas sem-terra dos municípios de Andradina, Ouro Verde, Castilho, Tupi Paulista, Nova Guataporanga, Santa Mercedes, São João do Pau d'Alho, Monte Castelo e Paulicéia decidiram ocupar as fazendas Santo Antônio e Regência, no município de Paulicéia, na divisa com Mato Grosso do Sul.

As fazendas Santo Antônio e Regência, de aproximadamente três mil hectares, na época da ocupação, em 24 de setembro de 1993, eram de propriedade de Seme Nametala Rezek, tendo passado após seu falecimento ao domínio de seus herdeiros. O acampamento denominado Boa Esperança contou, no início da ocupação, com aproximadamente 350 famílias organizadas pelo MST. Após sucessivas reintegrações de posse, o número de famílias diminuiu e começaram a aparecer as diferenças políticas internas, que resultou em um processo de separação do grupo, com 90 famílias ligadas ao MST (acampamento Boa Esperança) e 65 famílias dissidentes (acampamento Novo Eldorado).

Como em 1995 o Incra havia declarado o imóvel de interesse para fins de reforma agrária (decreto expropriatório), as famílias ficaram mais confiantes de que em breve seriam assentadas. Porém, o proprietário ingressou na Justiça

Federal com uma ação cautelar de produção antecipada de provas e uma ação inonimada, com a finalidade de suspender o laudo realizado pelo órgão federal, que atestou improdutividade da fazenda. Após sucessivas ações judiciais do proprietário impedindo a desapropriação da fazenda, e a morosidade do Incra, é passado o tempo de ajuizamento da ação de desapropriação, caducando o processo.

Em 27 de outubro de 1997 foi iniciado novo processo de desapropriação na 21ªVara da Justiça Federal, sendo nomeado um perito judicial para a realização de um laudo de produtividade da fazenda Santo Antônio. O resultado do laudo, baseado principalmente em imagens de satélite, acusou produtividade reavivando as forças políticas do fazendeiro para continuar com as ações de despejo contra as famílias sem-terra.

Apoiando-se na primeira decisão do órgão federal, com a publicação de um decreto expropriatório, que manifestava interesse na área para fins de reforma agrária e a implantação de projetos de assentamento rural, as famílias, após 14 despejos sucessivos, decidiram ocupar novamente a fazenda e dividir a área "na corda", destinando 17 hectares para cada uma.

Após a partilha dos lotes, ocorreu também a divisão e indefinição política do grupo, manifestada por meio dos mais diferenciados interesses. Em agosto de 1999, as 141 famílias decidiram não ser representadas pelo MST, mas pelo Sindicato do Trabalhadores Rurais de Tupi Paulista.

Com o falecimento do proprietário, Seme Nametala Rezek, em 1999 a situação das famílias acampadas parecia se estabilizar, pois um dos herdeiros mostrou-se interessado em negociar com o Incra. Com isso, os camponeses sem-terra se firmavam na região, pois havia grande quantidade de produtos sendo revertida para os municípios, aumentando a movimentação no comércio local e regional. Há relatos de que cerca de cinco ônibus entravam diariamente no "assentamento", trazendo outros trabalhadores rurais da região, que realizavam trabalhos paras as famílias camponesas em momentos de colheita, quando sozinhos não conseguiam realizar as tarefas.

Em seus depoimentos, os acampados disseram que só não produziam mais por não poderem emitir nota fiscal das mercadorias. A partir dessa necessidade, começaram a buscar apoio político para ampliar sua produção. Em dezembro de 1999, as famílias entregaram uma pauta de reivindicações para o Itesp e Incra, contendo: o reconhecimento do assentamento como definitivo e a legalização da situação dos lotistas irregulares; a implantação de um programa de assistência técnica por parte do Itesp; a concessão de créditos às famílias e a emissão de declaração que os permitiria fornecer notas fiscais. Naquele momento eles já se consideravam assentados e a própria comunidade local e regional os julgavam como tal. As preocupações já não eram relativas ao processo de desapropriação e as inseguranças de um acampamento, agora estavam reivindicando créditos e assistência técnica, ações comuns após a conquista do assentamento.

Essa segurança de conquista da terra ficou materializada na parcela do território "já conquistado" quando quase todos os acampados, ao dividirem os lotes, iniciaram a construção de casas de alvenaria, a criação de animais e o planejamento da produção e comercialização das mercadorias.

Porém, como não houve um consenso entre os herdeiros do proprietário; a viúva, Rita S. Rezek, continuou a luta travada por seu marido contra os sem-terra, acusando-os de serem a causa principal do desgosto de Seme Natemala Rezek, ao "ver sua fazenda invadida e destruída por terroristas e guerrilheiros do MST", como costumava denominá-los.

A fazendeira não aceitou qualquer tipo de negociação com o Incra e entrou com ação de reintegração de posse da fazenda em outubro de 2000. Após sete anos de ocupação da área, as famílias são vistas pela comunidade como assentadas e ganham o apoio do prefeito de Paulicéia, da população, da imprensa etc. A própria polícia militar, que foi acionada para cumprir o despejo, mostrou-se reticente quando da decisão da juíza federal Elizabeth Leão, pois as famílias já tinham construído uma unidade territorial sólida, com casas de alvenaria, energia elétrica, 60 poços artesianos, 350 cabeças de gado, com previsão de colher 30 mil arrobas de algodão naquele ano, além da produção de milho, café, mandioca, feijão, abóbora, arroz, e de cerca de 1.500 litros de leite por dia.

Por uma intermediação da Ouvidoria Agrária Nacional do Incra, que trabalha em casos de conflitos fundiários, a juíza suspendeu temporariamente a ação de despejo, uma vez que o Incra comprometeu-se em tentar a negociação para a aquisição da área. Mas, após vários recursos da viúva do proprietário, foi concedida a ação de liminar de reintegração de posse no início de 2002. Nesse ínterim, as famílias voltaram a se aproximar do MST, angariando também apoios políticos do Sindicato dos Trabalhadores Rurais de Tupi Paulista e da FAF.

A reintegração de posse foi concedida somente na área que pertencia à viúva do fazendeiro e um de seus filhos menor de idade, que corresponde a 75% das fazendas Santo Antônio e Regência; os 25% restantes pertenciam aos dois outros filhos do primeiro casamento do fazendeiro. Essa área de 25% foi negociada com o Incra e destinada ao assentamento das famílias, porém no restante da fazenda deveria ser cumprida a ação de despejo.

Após conseguir uma suspensão de trinta dias com o desembargador federal Gilberto Jordan, com a alegação de que a fazendeira parecia mostrar interesse em negociar sua parte, não houve mais acordo algum, pois esta registrou em cartório que não tinha interesse em negociar a fazenda com o órgão federal. Em fevereiro de 2002, mesmo com todas as cartas de protesto e solidariedades da sociedade local e regional, iniciou o despejo de 96 das 138 famílias "assentadas" na fazenda.

Após o despejo, as famílias foram deslocadas para a parte da fazenda que já estava negociada com o Incra, fato que ocasionou conflitos internos devido a problemas estruturais no novo acampamento. De acordo com depoimentos das famílias acampadas, as dificuldades apareceram com relação ao tamanho da área, que não suportava a quantidade de camponeses e toda sua estrutura montada nesses nove anos de luta. Como o gado, que estava destruindo as plantações, a água dos poços já não era disponível para todas as famílias; pois cada lote abrigava três famílias após o despejo. Tudo isso fortaleceu um conflito de lideranças e poder no acampamento, fazendo com que o grupo se autodenominasse novamente como independente.

Nesse caso, pode-se perceber que os camponeses sem-terra que passaram pelo processo de acampamento de 1993 até 1997 consideram-se assentados, mas em 2002 voltaram à condição de acampados, sofrendo novamente toda insegurança e falta de estrutura vivenciada provenientes dessa condição. A fazenda, após a viúva mandar destruir as casas das famílias camponesas sem-terra, voltou s ser abandonada e sem plantio. Até o final da redação deste livro, parte das famílias foram assentadas na fazenda e outras continuam acampadas, pois a área não foi suficiente para todas.

Os sem-terra de Rincão

A composição e a trajetória desse movimento independente, constituído por 55 famílias e apoiado pelo MST, estão intrinsecamente ligadas ao processo de desemprego na região de Ribeirão Preto, causado pelo aumento da mecanização no corte da cana-de-açúcar.

Em 3 de setembro de 1999, participaram da ocupação organizada pela Feraesp, com cerca de setecentas famílias, no Instituto de Zootecnia da estação experimental de zootecnia de Sertãozinho, com uma área de 2.320 hectares pertencente à Secretaria da Agricultura e do Abastecimento de São Paulo, que, segundo as famílias, estava em total estado de abandono. Os camponeses representados pela Feraesp apresentaram, em 23 de fevereiro de 2000, uma proposta para o Estado de uso e exploração da área. O objetivo da Feraesp era:

> encontrar uma solução, pacífica, negociada e duradoura, procurando conciliar em definitivo o conflito que se estabeleceu com a ocupação de parte da Fazenda Experimental de Zootecnia de Sertãozinho, por cerca de setecentas famílias de trabalhadores rurais, ocorrida em 3 de setembro de 1999.

Sua proposta foi a seguinte:

> [...] concretizar plenamente os objetivos do Instituto de Zootecnia, ou seja, adaptação de técnicas modernas levando a exploração mais adequada e econômica, quanto à seleção e aprimoramento das espécies de animais; tendo em vista a melhoria da produção econômica do leite, carne, ovos, lã, seda, pele, mel e outros produtos de origem animal, bem como formação, conservação e utilização de pastagens, forrageiras e amoreiras.
>
> Atender aos interesses dos produtores familiares com a diversificação da produção, como por exemplo: aves, suínos, caprinos e bicho da seda, dando sustentabilidade de sobrevivência destas famílias no campo, carecendo de apoio de pesquisas, que de acordo com o artigo 281 do Decreto nº 11.138/78, entre outras atribuições, deveria ser efetuada pelo Instituto de Zootecnia.
>
> Com isso, seria redirecionada a atual política do Instituto de Zootecnia no imóvel, cuja pesquisa atual de ganho de peso em gado de corte interessa apenas a grandes proprietários de terras e pecuaristas, que muito bem podem desenvolver tais pesquisas as suas próprias custas.[49]

Como resposta à Feraesp, a Secretaria da Agricultura (tradicionalmente em poder de grandes pecuaristas) entrou com uma liminar de reintegração de posse e, no mês de maio de 2000, as famílias foram despejadas da fazenda. Elas deslocaram o acampamento para uma área de uso comum do assentamento rural no município de Pradópolis. Em apenas sete meses de acampamento, as famílias camponesas sem-terra colheram 30 toneladas de milho, 1.200 sacas de arroz, 300 sacas de feijão e 60 toneladas de mandioca, mas mesmo assim tiveram de sair da área, sendo que muito do que colheram "sumiu" durante a ação de despejo.

As famílias entraram novamente na estação experimental e, logo em seguida, sofreram novo despejo, deslocando-se para a área comunitária do assentamento do horto florestal Guarani, município de Pradópolis, enquanto aguardavam os laudos de vistoria das fazendas Resfriado, em Guatapará, e fazenda da Barra.

O laudo da fazenda Resfriado, divulgado em janeiro de 2001, apresentou produtividade, porém a avaliação da fazenda da Barra demonstrava improdutividade. Ambas as fazendas são de propriedade da Fundação Sinhá Junqueira, que entrou com liminar de reintegração de posse da Fazenda Resfriado. As famílias, que também já tinham passado pela Fazenda São Pedro da Califórnia (Santa Rita do Passa Quatro), formaram acampamento em frente ao projeto de assentamento Córrego Rico, em Jaboticabal, e posteriormente se estabeleceram às margens da rodovia SP-253 Deputado Cunha Bueno, sendo mais uma vez despejadas em 15 de março de 2001.

Em 24 de março de 2001, parte desse grupo com 51 famílias ocupou o horto florestal de Tapuias, município de Rincão. Esse horto, de aproximadamente 60 hectares sob a administração do Itesp, fez parte de um acordo realizado entre a Rede Ferroviária Federal S. A. e a Secretaria de Justiça e Defesa da Cidadania, na época em que a utilização dos hortos florestais estava sendo questionada pelos movimento sociais. No local, há uma pequena parte de preservação e uma área onde a Prefeitura Municipal de Rincão mantém irregularmente um depósito de resíduos sólidos.

Com a entrada das famílias, começaram a aparecer sintomas de intoxicação, pois o acampamento havia sido montado ao lado do lixão exposto a céu aberto. As famílias relataram que já não contavam com apoio da Feraesp por não concordarem mais com as ações dessa entidade em realizar cobranças e taxas aos acampados, não informar sobre os processos de desapropriação e não aparecerem nos acampamentos.

Pelo fato de estarem praticamente dentro do lixão da cidade, uma infestação de ratos à procura de alimentos começou aparecer no acampamento. Visitando a área, pudemos observar que as famílias estavam em condições subumanas e a qualquer momento poderia ocorrer uma tragédia maior, pois ratos apareciam mortos misturados nos mantimentos dos camponeses.

O Itesp, com a intenção de não se responsabilizar pelo surgimento de possíveis casos de agravo à saúde dos acampados, entregou uma notificação às lideranças, comunicando que se não deixassem a área voluntariamente tomaria medidas judiciais cabíveis – ou seja, entraria com ação liminar de reintegração de posse. Como as famílias não tinham local para ficar e aumentavam os casos de doenças dentro do acampamento, foram realizadas várias reuniões entre a direção do Itesp e as famílias acampadas na busca de novas alternativas.

Na ocasião das reuniões, a direção do Itesp informou aos acampados que a área prioritária de atuação do governo estadual estava localizada na região de Andradina, em virtude de um convênio estabelecido com o governo federal, via Incra, para a realização de 45 vistorias na referida região. Com isso, e em assembléia dos acampados, manifestaram interesse em sair do lixão e mudar para a região de Andradina.

Com a chegada do grupo em Andradina, constituído agora por 51 famílias,[50] tendo seu deslocamento financiado pelo Itesp, houve um estardalhaço dos fazendeiros e políticos da região, que denunciaram o Estado como incitador de invasões, criando assim a Associação dos Municípios do Extremo Noroeste. Segundo notícias veiculadas nos jornais regionais, os fazendeiros e prefeitos "temem que suas cidades sejam invadidas por forasteiros".[51]

Com a chegada dessas famílias camponesas onde a presença e atuação política do MST é constante, aquelas identificadas na região como o grupo de Rincão estreitaram os laços de solidariedade e identificação com o MST, deixando de autodenominar-se independente e aliando-se ao movimento. Em conversa com as famílias quando estavam acampadas no Horto Florestal Tapuias, em março de 2001, diziam que o MST era um grupo muito violento que destruía as propriedades, faziam baderna etc.

Após toda essa trajetória de luta, discriminação e mudança radical de vida – pois maiorias das famílias eram nascidas principalmente em Guariba, na região de Ribeirão Preto –, compreenderam a amplitude e complexidade da luta e quem estava contra e a favor da reforma agrária. Perceberam que os ideais das famílias tanto do MST como Feraesp ou independentes eram bem semelhantes, o que mudava em alguns momentos era a existência dos diferentes trajetos e caminhos, expressão materializada da diversidade da luta pela terra e pela reforma agrária no Brasil, repleta de contradições.

A geografia do movimento camponês em São Paulo

Até aqui foram discutidas as diversas formas de atuação dos movimentos e organizações existentes no campo paulista. De um lado, expomos como é rica e complexa a forma de organização dos camponeses sem-terra, que na maioria das vezes confunde a todos com seus ideais, propostas e contradições. Por outro lado, essa riqueza revela outros e novos caminhos de interpretação sobre esse aspecto da realidade brasileira.

A partir dos trabalhos de campo, observando momentos da luta camponesa no estado de São Paulo, e das leituras de outros estudos, chegamos a mais indagações do que certezas. Foi por esse motivo que surgiu a necessidade de discutir sobre a possibilidade de estarmos em pleno processo de formação do movimento camponês moderno no estado de São Paulo.

O movimento camponês moderno não é um novo movimento que surgiu no campo, como também não é dissidência de nenhum outro. Pensamos a formação desse movimento em seu sentido amplo, sem uma sigla, partido ou organização. Mas ao mesmo tempo, e contraditoriamente, com todas as siglas, partidos e organizações.

O conceito de moderno foi agregado ao movimento camponês, por se tratar de um componente novo construído durante esse processo de luta. O camponês sem-terra não é o mesmo de décadas anteriores, como muitos estudiosos procuram descrever. A noção de modernidade também foi transposta e acumulada durante vários anos de luta pelo acesso à terra. O camponês isolado e desinformado da realidade, de fato, nunca existiu. O que há no Brasil são formas desiguais e injustas de acesso a informações, serviços e tecnologias.

Não foi objetivo deste livro contabilizar, mas grande parte das famílias camponesas sem-terra no estado de São Paulo já passaram ou trabalharam temporariamente nos centros urbanos. Retornar ao campo não revela um atraso, mas sim crescimento e acúmulo de experiências que podem ser socializadas e construídas coletivamente, nas ocupações, acampamentos e assentamentos.

A partir desse referencial, foi possível a elaboração de um mapa temático que permitiu realizar várias leituras sobre a Geografia do Movimento Camponês no estado de São Paulo (Mapa 06).

Entre o período de 1981 a 2002 ocorreram mais de 260 ocupações no campo paulista, totalizando mais de 43 mil famílias de camponeses sem-terra. Surgiram cerca de 20 novos movimentos/organizações envolvidos nesse processo de luta pela terra e pela reforma agrária.Além das informações quantitativas que merecem ser relatadas, pode-se realizar uma interpretação e correlação sobre as áreas mais conflituosas, os principais locais de atuação dos diversos movimentos camponês, a concentração da estrutura fundiária, a malha viária, o uso da terra etc.

As áreas notadamente mais conflituosas estão concentradas nas regiões oeste (região administrativa de Presidente Prudente – Pontal do Paranapanema) e centro/noroeste (Bauru e Araçatuba) do estado de São Paulo. Porém, observa-se que em

Mapa 06
A geografia do movimento camponês no final do século xx – estado de São Paulo

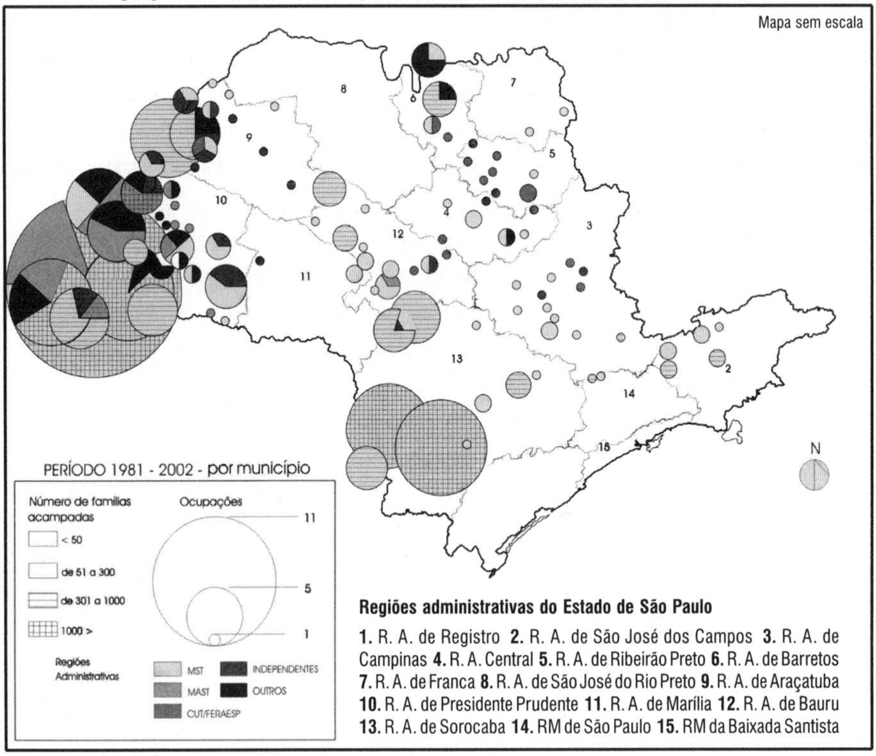

Fonte: Fernandes, B. M. (1996), AMCF/Itesp (2002).
Org.: Feliciano, C. A.
Desenho: Wagner Oliveira; Sinthia C. Batista.

quase todas as regiões administrativas houve em algum momento desse período ocupações de terra.Vale lembrar que estamos discutindo somente sobre os conflitos agrários oriundos das formas de organizações coletivas de famílias camponesas sem-terra. Não está vinculado, nesse contexto, os conflitos de posseiros, arrendatários, atingidos por barragens, comunidades quilombolas e caiçaras, embora também sejam sujeitos importantes para a compreensão da realidade agrária.

A concentração das ocupações nessas regiões citadas está vinculada principalmente à grilagem de terras (Pontal do Paranapanema) e ao alto índice de improdutividade (principalmente na região centro/noroeste). Na região oeste de São Paulo, mais precisamente no Pontal do Paranapanema, as grilagens de terras até hoje são questionadas pelos camponeses sem-terra.

O Pontal do Paranapanema, que possui como seus limites físicos o rio Paranapanema (fronteira com o estado do Paraná), o rio Paraná (fronteira com o Mato Grosso do Sul) e o rio do Peixe (que o separa da região da Alta Paulista), passou por um intenso processo de grilagem de terras desde o início do século xx. Segundo o Itesp, essa região possui cerca de 231 mil hectares de áreas devolutas, portanto pertencentes ao governo estadual, sendo que a maioria delas está ocupada irregularmente pelos fazendeiros. O movimento camponês viu nessa irregularidade a possibilidade de luta para sua recriação. Por isso sua atuação é forte nessa região.

Em outubro de 2005 o Pontal de Paranapanema era a região com o maior número de acampamentos (47) e famílias acampadas (4.300) no estado de São Paulo. Foi também onde surgiu uma grande quantidade de novos movimentos de camponeses sem-terra. Entre os anos de 1995 a 1998, houve um *boom* de outros novos movimentos (cerca de 10), em sua maioria grupos que surgiram a partir de divergências políticas e organizativas de dentro do MST.

Atuam nessa região, até outubro de 2005, 12 movimentos de camponeses sem-terra: Movimento dos Trabalhadores Rurais Sem-Terra (MST), Movimento dos Agricultores Sem-Terra (Mast), Movimento Terra Prometida (MTP), Movimentos dos Trabalhadores Rurais Sem-Terra Brasil (MTRSTB), Associação Renovação Sem-Terra (ARST), Movimento Terra e Pão (MTP), Movimento Terra Brasil (MTB), Uniterra, Movimento Terra é Vida (MTV), Movimento Brasileiros Unidos Querendo Terra (MBUQT), Sindicato Trabalhadores Agricultura Familiar (Sintraf), Movimento Luta pela Terra (MLT) e movimentos independentes.

Como pode ser observado no mapa, os movimentos mais atuantes, em relação ao número de ocupações e número de famílias, são o MST e o Mast. Este último, como discutido anteriormente, formou-se como o principal oponente ao MST nessa região, quando agregou em 1998 grande parte dos movimentos surgidos de dissidências. A atuação de outros movimentos também é relevante nesse processo, pois demonstra que não há apenas uma forma de luta, e sim uma luta única, cuja finalidade é democratizar o acesso à terra. Revelam a diversidade do movimento camponês em construir seu próprio caminho, baseado nos princípios da liberdade e autonomia.

A região administrativa de Araçatuba, que compreende os municípios de Andradina, foi cenário das primeiras lutas pela terra no estado de São Paulo, com a resistência dos posseiros da fazenda Primavera. É atualmente a segunda região com maior número de ocupações e acampamentos de camponeses sem-terra (14) com aproximadamente 450 famílias.

Nessa região, o principal questionamento do movimento camponês remete à questão da improdutividade das fazendas. Não é um questionamento que está ligado diretamente ao governo estadual, pois as terras têm domínio particular. Cabe somente à União, por meio do Incra, vistoriar fazendas com indicativo de improdutividade e, quando comprovada, iniciar processo de desapropriação para fins de reforma agrária.

A presença de movimentos independentes nessa região é marcante. Apesar do número de famílias ser bem menor, a identidade como movimentos independentes é maior do que em outras regiões do estado de São Paulo. Possivelmente a explicação para esse fenômeno pode estar relacionada com a facilidade em se trabalhar com um número reduzido de famílias, porém são as grandes ocupações que conquistam notoriedade na mídia brasileira. Nas visitas a essa região, pudemos notar que o sentido e os laços de unidade do grupo são bem mais sólidos. Quase todos já se conhecem, sabem sobre suas trajetórias, afinidades, contradições etc. O maior problema encontrado por esses movimentos é a dificuldade em se articular em momentos de tensão ou quando se requer uma ação mais propositiva do grupo (quando é necessário participar de uma reunião, em negociações nos momento de reintegração de posse etc.), justamente pelo fato de serem grupos pequenos com atuação localizada e apoio político mais restrito.

O campo de atuação nessa região majoritariamente é restrito ao MST e aos movimentos independentes. Em 2002, no município de Muritinga do Sul, ocorreu a primeira ocupação organizada pelo movimento sindical (Feraesp/FAF/STR), que tradicionalmente possui um campo de atuação que estava reservado à região norte e nordeste do estado. A afirmação de que novos movimentos e acampamentos possam surgir nessa região pode ser justificada nos seguintes indicativos: uma grande concentração de áreas improdutivas e o andamento dos trabalhos de vistorias com finalidade de desapropriação.[52]

Uma outra leitura também pode ser realizada ao observarmos o mapa da geografia do movimento camponês no final do século XX: as regiões de atuação dos movimentos/organizações. O MST, por exemplo, está presente em todas as regiões onde há concentração de acampamentos. Isso fica nítido ao observamos o mapa. Apesar de encontrar muitas barreiras, na maioria das vezes conseguem o que Fernandes (1996) denominou de espacialização e territorialização da luta pela terra. As regiões de Ribeirão Preto, Barretos, Franca e Araraquara, segundo Oliveira (1999) e Thomaz (1996), apresentaram um processo de territorialização do capital no caso da cana-de-açúcar e monopolização do território no caso da laranja. Devido a essa territorialização e monopolização do capital, houve resistência à chegada do MST ou de outros movimentos de camponeses sem-terra, demonstrando para a sociedade a grande capacidade de produção desses setores.

Essa região, apregoada como uma das mais ricas do estado de São Paulo, criou, com a mecanização do corte da cana, um aumento considerável de desempregados no campo. Apesar dessa região apresentar potencialidades em agregar famílias desempregadas, com origem e vínculo com a agricultura, as dificuldades encontradas pelo movimento camponês estão ligadas ao discurso da produtividade e eficiência tecnológica.

Como o questionamento das propriedades com relação à produtividade é inadequado e facilmente derrubado, o MST iniciou uma discussão sobre a função social da terra, baseando-se no artigo 186 da Constituição federal, que compreende três requisitos para seu cumprimento: a utilização adequada dos recursos naturais e preservação do meio ambiente; a observância das disposições trabalhistas e a exploração que favoreça o bem-estar dos proprietários e trabalhadores. Essa atuação difere da Feraesp, que em outubro de 2005 possuía o maior número de ocupações (4) e de famílias acampadas (cerca de 450) nessa região. Como já foi discutido, o foco das atenções desses camponeses está centrado no questionamento de áreas públicas estaduais, que estão abandonadas ou que não cumprem com sua destinação (por exemplo, as estações experimentais).

A área de atuação da Feraesp está localizada principalmente na região norte e nordeste do estado, organizando trabalhadores rurais desempregados e camponeses expropriados com o processo de territorialização do capital.

O movimento dos camponeses sem-terra autodenominados como independentes, apesar de estar mais concentrados na região de sudoeste do estado, pode surgir em qualquer lugar. Isso é explicado pelo fato de sua formação estar intrinsecamente ligada a um processo de divergência dentro de outro movimento, podendo acontecer a qualquer momento, dependendo das relações sociais construídas dentro do acampamento.

No final de 2005 existiam no campo paulista cerca de 18 acampamentos de movimentos camponeses independentes, perfazendo um total de 605 famílias camponesas sem-terra, ficando atrás apenas do MST, que possui aproximadamente 4 mil famílias acampadas, em 34 acampamentos rurais.

Nessa discussão não é somente o número de famílias, ocupações e acampamentos que importa. O fator principal é o questionamento da estrutura fundiária, da propriedade improdutiva e da função social da terra. É por meio desses eixos que podemos entender a geografia das ocupações e do movimento camponês no estado de São Paulo. Não é por acaso que as ocupações de terras ocorrem no sentido das principais vias de circulação do estado, como pode ser interpretado pelo mapa, ou próximos de centros urbanos como Bauru, Ribeirão Preto, Presidente Prudente, São José dos Campos, Campinas e São Paulo.

O que está em evidência é a disputa por uma parcela do território, e como bem relata Raffestin: "o território é um espaço político por excelência, o campo da ação dos trunfos".[53] Portanto, conquistar uma parcela do território é adquirir o trunfo de produzir e reproduzir sua produção, seja ela baseada nas relações capitalistas ou não-capitalistas de produção.

Após essa leitura da formação do movimento camponês no estado de São Paulo, vale levantar as conquistas dos camponeses sem-terra nessa disputa por uma parcela do território. De acordo com o Itesp, de 1981 até 2002 foram assentadas no estado de São Paulo cerca de 9 mil famílias de camponeses sem-terra, por meio de 147 projetos de assentamentos rurais. Um número pequeno com relação à somatória de todas as famílias que participaram de ocupações de terras no estado nesse mesmo período.

Como pode ser observado na tabela 18, o número de projetos de assentamentos rurais só aumentou em decorrência do crescimento do movimento camponês sem-terra no estado. Do governo de Luiz Antonio Fleury Filho (1991-1994) ao primeiro mandato de Mário Covas (1995 a 1998), o número de ocupações saltou de 21 para 99, com pequeno aumento no número de famílias.

O governo federal, sob a presidência de FHC, divulgou sua grande façanha em criar o maior número de projetos de assentamentos rurais do Brasil (cerca de 3.800 projetos, com o assentamento de 379 mil famílias). Nessa mesma perspectiva, o governo estadual, também vinculado ao mesmo partido e política do governo federal, alardeou sua ação com relação a sua política agrária, com o assentamento de 5.716 famílias. Isoladamente pode parecer muito, mas é preciso considerar que em oito anos de governo, o estado de São Paulo totalizou mais de 28 mil famílias acampadas, lutando por uma parcela do território. Das famílias que reivindicaram o acesso à terra, menos de 25% foram assentadas.

Tabela 18
Ocupações e projetos de assentamentos rurais – São Paulo – 1979 a 2002

Período Governamental	Ocupações	Famílias acampadas	Projetos de assentamentos	Número de lotes (famílias)	Área total (ha)
Paulo Maluf (1979 a 1982)	02	53	01	210	3.676,74
Franco Montoro (1983 a 1986)	18	1.669	16	1.288	26.367,36
Orestes Quércia (1987 a 1990)	9	2.167	12	1.380	35.041,31
Antonio Fleury Filho (1991 a 1994)	21	11.331	07	551	9.052,22
Mário Covas 1º mandato (1995 a 1998)	99	12.333	83	4.315	95.490,00
Mário Covas 2º mandato (1999 a 2002)	118	16.298	28	1.401	30.503,59
Total	267	43.851	147	9.148	200.131,41

Fonte: Itesp, 2003.
Org.: FELICIANO, C. A., 2003.

Segundo o Itesp, os projetos de assentamentos existentes no estado de São Paulo são classificados da seguinte maneira:

Estaduais: originados de terras públicas estaduais, regidos pela Lei Estadual n. 4.957, de 30 de dezembro de 1987, e administradas pelo Itesp, da Secretaria da Justiça e da Defesa da Cidadania. Tal lei dispõe sobre os planos públicos de valorização e aproveitamento dos recursos fundiários, e prevê que as terras públicas ociosas, sub-utilizadas ou de uso inadequado, pertencente à administração direta ou indireta, sejam destinadas à implantação de assentamentos.

A maioria desses projetos estão concentrados na região do Pontal do Paranapanema, em áreas devolutas, onde o MST tem uma atuação mais dura e tensa, em virtude do embate com os fazendeiros-grileiros da região. São áreas com essas características (terras públicas ociosas, subutilizadas ou de uso inadequado) que os camponeses organizados pela Feraesp procuram ocupar (hortos florestais, estações experimentais etc.).

Federais: referem-se aos assentamentos implantados em terras arrecadadas pelo Incra, por meio de desapropriações por interesse social para fins de reforma agrária ou por aquisições de terras particulares. Esses tipos de assentamentos são regidos pelo Estatuto da Terra e pelas normas do Incra, com a assistência técnica do Itesp, via convênio estabelecido entre as entidades.

Conjuntos: são provenientes de terras devolutas estaduais ou municipais, com participação do Incra na indenização de benfeitorias aos antigos posseiros.

Reassentamentos: trata-se de projetos de assentamentos originados pela realocação de famílias desalojadas de suas terras e atividades, por impactos causados por obras públicas. Os reassentamentos são os deslocamentos das famílias camponesas/ribeirinhas cujas terras forma inundadas pelos lagos das represas construídas pela Cesp.

Por fim, a discussão sobre a forma de assentamento após a conquista da terra fica a cargo do grupo de camponeses, com a assistência técnica de funcionários do Itesp. É o início de uma nova fase, agora, pela firmação de uma geografia da unidade camponesa no Brasil, a ser construída por meio de uma longa caminhada.

Considerações finais

Compreendemos que a característica principal do campesinato brasileiro é sua diversificação, ainda pouco estudada na proporção de sua complexidade. E por estarmos em seu pleno processo de formação, não sabemos de fato sobre suas potencialidades futuras. Temos indícios da realidade que os camponeses nos fazem ver.

A realidade nos mostra a permanência da concentração fundiária no Brasil e contraditoriamente a recriação de relações não-capitalistas de produção. O entendimento da questão agrária brasileira passa necessariamente pela observação desse fenômeno, pois é pela concentração da estrutura fundiária e também pela tentativa política de implementação de um único modelo de desenvolvimento para a agricultura que pudemos compreender a formação do movimento camponês sem-terra no Brasil.

A questão da reforma agrária esteve presente nos planos políticos dos governos brasileiros. Isso revela que o problema fundiário está longe de ser resolvido, pois não há um planejamento para o campo que possa incorporar todos os segmentos presentes na agricultura brasileira. A maioria das políticas públicas, aqui estudadas, estão necessariamente ligadas ao desenvolvimento e apoio de um modelo de agricultura baseado nas grandes produções, direcionadas principalmente nas exportações.

As políticas de reforma agrária apresentavam avanços e recuos. As propostas mais avançadas, como o 1º Plano Nacional de Reforma Agrária de 1985, foram estraçalhadas pelo poder da burguesia agrária brasileira, nas barreiras técnicas e políticas para sua elaboração e também nos artigos da Constituição, deixando dúbias interpretações sobre o conceito de terra produtiva. Nesse período, os camponeses que lutavam por sua implementação e mudanças na Constituição foram violentamente exterminados, como pudemos observar pelas mortes por conflitos no campo.

Os recuos apresentados nas propostas governamentais ocorreram devido ao total descaso e até mesmo ao posicionamento político contrário a realização de uma reforma agrária que de fato alterasse à estrutura agrária vigente. É o exemplo dos projetos do governo Fernando Henrique Cardoso ao substituir a desapropriação de terras improdutivas para fins de reforma agrária, em uma política de mercado de terras, via projeto Banco da Terra.

Os oito anos de governo FHC deixaram marcas na formação do campesinato brasileiro. Não por ter sido o governo que "pronunciou" ter assentado mais famílias de trabalhadores rurais sem-terra no Brasil, mas pelo crescimento do número de ocupações, de movimentos sociais, de famílias acampadas em toda história brasileira. Além do fato de ter ocorrido os dois maiores massacres no campo brasileiro: em Corumbiara (1995) e Eldorado dos Carajás (1996).

O governo FHC, como discutido, realizou uma elaborada estratégia na tentativa de suprimir as ações do movimento camponês no Brasil. Para tais fins, usou de recursos por nós denominados de processo de despolitização da luta camponesa, criado a partir dos três espaços: legal, institucional e imaginativo.

Esses espaços possuem uma forma de ação e representação e obedecem a uma lógica partidária vinculada ao governo federal. Os reflexos dessa política puderam ser observados nas discussões e relatos sobre o movimento dos camponeses no estado de São Paulo. O *espaço legal*, por exemplo, ficou representado nas várias ações de reintegrações de posse, nas punições aos movimentos que ocuparam fazendas, na criminalização das lideranças etc.

As três dimensões do processo de despolitização política ocorrem simultaneamente, não aparentando uma ação conjunta, como se os "fatos" fossem construídos por si mesmos e não por pessoas e instituições com posicionamento político definido.

Quando iniciamos as discussões sobre a geografia das ocupações e do movimento camponês no estado de São Paulo, tínhamos claro que poderíamos observar como as ações e propostas políticas elaboradas pelos governos federais seriam recebidas e respondidas pelo movimento camponês. Em vários momentos, houve recuo do movimento camponês devido à forte atuação pública em implementar essas políticas. Por exemplo, logo após as propostas do governo FHC, como a implementação do Banco da Terra e as medidas punitivas contra as ocupações de terras, houve uma queda momentânea no número de ocupações, acampamentos e famílias acampadas no estado. Esses recuos mostraram a fragilidade e também a desigualdade na correlação de forças, mas isso não quer dizer que ocorreu uma despolitização do processo da luta camponesa. Como também ficou evidente em alguns momentos que recuar é uma estratégia e característica do movimento camponês moderno.

Não deixamos de apontar ainda características que poderiam ser adotadas como elementos estruturais do movimento camponês: autonomia, liberdade, diversidade, recuo, modernidade, mobilidade, mudança, unidade e resistência.

Fica evidente, no entanto, que ainda são necessárias mais pesquisas nesse campo, pois há muito o que sistematizar e conceituar sobre os elementos de formação do movimento camponês no Brasil. Foi principalmente pelos trabalhos de campo, acompanhando quase diariamente as ações dos camponeses sem-terra, que pudemos compreender algumas características comuns, presentes na formação do movimento camponês no estado de São Paulo.

A diversidade do movimento camponês revelou-se como uma das características principais para entender esse fenômeno. O estado de São Paulo, por exemplo, chegou a agregar mais de vinte movimentos de camponeses em um período de vinte anos. Cada um apresentando sua definição política, ora "clarividentes", ora difusos. O que pudemos captar com esses movimentos foi sua grande capacidade de acreditar e lutar por uma mudança em suas vidas. Um anseio acumulado de anos de poder, enfim, ter a possibilidade de decidir e controlar seu trabalho, tempo e espaço.

Foi acreditando na possibilidade de mudança que a maioria da população brasileira elegeu, em 2002, para presidência do Brasil, Luís Inácio Lula da Silva, do Partido dos Trabalhadores. Um presidente nascido no sertão nordestino, com uma tradição ligada à classe trabalhadora e humilde do país. Foi nesse momento que todos optaram pela mudança, em que "a esperança venceu o medo".

Em seu discurso de posse no congresso nacional em 2003, o recém-eleito presidente Lula levou para a agenda nacional a questão da reforma agrária:

> [...] será também imprescindível fazer uma reforma agrária pacífica, organizada e planejada. Vamos garantir acesso à terra para quem quer trabalhar, não apenas por uma questão de justiça social, mas para que os campos do Brasil, produzam mais e tragam alimentos para a mesa de todos nós, tragam trigo, tragam soja, tragam farinha, tragam frutos, tragam nosso feijão com arroz.
> Para que o homem do campo recupere sua dignidade sabendo que, ao se levantar com o nascer do sol, cada movimento de sua enxada ou de seu trator irá contribuir para o bem estar dos brasileiros do campo e da cidade, vamos incrementar também a agricultura familiar, o cooperativismo, as formas de economia solidária.

> Elas são perfeitamente compatíveis com o nosso vigoroso apoio à pecuária e à agricultura empresarial, à agroindústria e ao agronegócio, são, na verdade, complementares tanto na dimensão econômica quanto social. Temos de nos orgulhar de todos esses bens que produzimos e comercializamos.
>
> A reforma agrária será feita em terras ociosas, nos milhões de hectares hoje disponíveis para a chegada de famílias e de sementes, que brotarão viçosas com linhas de crédito e assistência técnica e científica. Faremos isso sem afetar de modo algum as terras que produzem, porque as terras produtivas se justificam por si mesmas e serão estimuladas a produzir sempre mais, a exemplo da gigantesca montanha de grãos que colhemos a cada ano.

Com a entrada de um novo governo, os movimentos camponeses ficaram na expectativa de mudanças na política agrária brasileira; no entanto, pelo discurso de posse e, logo em seguida, pelo fracasso da elaboração e implementação do 2º Plano Nacional de Reforma Agrária, os camponeses viram não existir mudanças nos tipos de propostas relacionadas à reforma agrária e, por isso, continuam reivindicando o acesso à terra.

Segundo informações do Incra, no período de 2003 a julho de 2005, foram assentadas no estado de São Paulo 2.335 famílias de camponeses. Porém, ainda existem 11 mil famílias de trabalhadores rurais sem-terra acampadas no estado de São Paulo.

Mas uma coisa é certa, independentemente da mudança de governo: a luta pela construção da parcela camponesa estará sempre presente no Brasil. Porque o movimento camponês é autônomo. E os camponeses, rebeldes como sempre, não a esquecerão.

Notas

[1] J. S. Martins, A chegada do estranho, São Paulo, Hucitec, 1993.

[2] B. Fernandes e J. P. Stédile, Brava gente: a trajetória do MST e a luta pela terra no Brasil, São Paulo, Fundação Perseu Abramo, 1999.

[3] Aurélio Buarque de Holanda Ferreira, Dicionário Aurélio básico da Língua Portuguesa, São Paulo, Nova Fronteira, 1995

[4] E. Maniglia, "O esbulho possessório e as ocupações de terras", em J. J. Strozake (org.), A questão agrária e a justiça, São Paulo, Revista dos Tribunais, 2000.

[5] B. Fernandes, op. cit., 1999.

[6] M. C. Turatti, Os filhos da lona preta: notas antropológicas sobre sociabilidade e poder em acampamentos do MST no estado de São Paulo. Dissertação de mestrado, Departamento de Antropologia, FFLCH, USP, 1999.

[7] O que são assentamentos rurais, São Paulo, Brasiliense, 1998, Coleção Primeiros Passos.

[8] B. Fernandes, op. cit., 1996.

[9] Idem, pp. 70-2.

[10] Idem, p. 229

[11] Idem, p. 231.

[12] B. Fernandes, op. cit., 1996.

[13] A. Touraine, "Os movimentos sociais", em M. M. Foracchi eJ. S. Martins (orgs.), Sociologia e sociedade, Rio de Janeiro, Livros Técnicos e Científicos, 1981, p. 350.

[14] Esses lotes vagos referem-se a pessoas que abandonaram a terra por inúmeros motivos, como, por exemplo, a unidade ser muito pequena para a família que estava crescendo, a dificuldades com relação a crédito, financiamento etc.

[15] A. P. Santos, S. L. S. Ribeiro e J. C. S. B. Meihy, Vozes da marcha pela terra, São Paulo, Loyola, 1998, p.13.

[16] Ação de reintegração de posse, comarca de Barretos, 2001.

[17] "Disputa revela "movimento violento", em Folha de S.Paulo, 13 maio 2001.

[18] "Sem-terra são expulsos do Sindicato", em Jornal de Barretos, s.d.

[19] B. Fernandes, op. cit., 1996.

[20] Mais detalhes sobre os acampamentos e sua forma de organização nessa região, veja as pesquisas realizadas por Turatti, op. cit.,1999, e M. Iha, Espacialização da luta pela terra: acampamentos no Núcleo Colonial Monção, Trabalho de Graduação Individual, Depto de Geografia, FFLCH/USP, 2001.

[21] M. C. Turatti,. op. cit., p. 35.

[22] Que prendeu lideranças do MST e desfez brutalmente 13 acampamentos rurais.

[23] M. Iha, 2001, p. 60.

[24] B. Fernandes, op. cit., 1996, p. 223.

[25] J. S. Martins, A escravidão nos dias de hoje e as ciladas da interpretação, em pagina da Comissão Pastoral da Terra <www.cptnacional.org.br>, em 2002.

[26] M. Iha, op. cit., p.11.

[27] G. V. Santos, Relatório de pesquisa: Os territórios da luta pela terra no Pontal do Paranapanema, Unesp Presidente Prudente, 1998.

[28] As transcrições das fitas foram cedidas por Gilberto Vieira dos Santos, que participou da reunião no dia da Fundação do Mast.

[29] Tocqueville (1835), extraído da carta de princípios do Mast.

[30] As transcrições das fitas foram cedidas por Gilberto Vieira dos Santos, que participou da reunião no dia da Fundação do Mast.

[31] Idem, ibidem.

[32] Eentrevista cedida por vice-presidente do Mast em 1999.

[33] 1° Seminário dos assentados e acampados do Pontal do Paranapanema. Conclusões e os próximos passos.

[34] Idem, ibidem.

[35] Relato de camponês sem-terra do acampamento Água do Repouso, município de Mirante do Paranapanema. Entrevista cedida em 2000.

[36] C. A. Coletti, A estrutura sindical no campo: a propósito da organização dos assalariados rurais na região de Ribeirão Preto, Campinas, Ed. da Unicamp, 1998.

[37] Idem.

[38] Trecho do discurso do presidente do SER de Araraquara, Sr. Élio Neves, durante o encerramento do 1° congresso da Feraesp, 1989, Jaboticabal, em A. Thomaz Jr., Por trás dos canaviais, os (nós) da cana, Tese de Doutorado, FFLCH, USP, 1996.

[39] A. Thomaz Jr., op. cit., 1996., p. 203.

[40] Folha de S.Paulo, 5 jul. 2000.

[41] A esse respeito, ver: P. C. Brancher, Sindicalismo rural: organização, estrutura sindical e perspectivas. Disponível em <www.abrareformaagraria.org.br/artigo52.htm>, acessado em 27 fev. 2002; Thomaz Jr., op. cit., 1996; Coletti, op. cit., 1998.

[42] Organização Sindical dos Assalariados Rurais – uma realidade no estado de São Paulo, Ribeirão Preto, 2001, Feraesp.

[43] A. Thomaz Jr., op. cit., 1996.

[44] Idem, ibidem.

[45] São Paulo, Mediação no campo: estratégias de ação em situações de conflito fundiário., n. 6, São Paulo, Itesp, 2001

A GEOGRAFIA DAS OCUPAÇÕES E DO MOVIMENTO CAMPONÊS EM SÃO PAULO

[46] M. A. Mitidiero, O Movimento de Libertação dos Sem Terra (MLST) e as contradições da luta pela terra no Brasil, Dissertação de Mestrado em Geografia, FFLCH, USP, 1999.

[47] Segundo relatório da liderança do acampamento em 13 de setembro de 1999.

[48] Jornal Impacto, Ilha Solteira, 1 jul. 2000, p. 8.

[49] Carta ao secretário do Meio Ambiente do estado de São Paulo, Fábio Feldman, 10 jun. 1997.

[50] Na área ficaram cinco famílias que já ocupavam outro trecho do horto florestal Tapuias há aproximadamente dois anos.

[51] "Êxodo de famílias para a região preocupa prefeitos" e "Itesp traz sem-terra para Andradina", em Folha da Região Araçatuba, 16 dez. 2001.

[52] A partir de um convênio realizado entre Incra e Itesp, em 2000, foram realizadas mais de 150 vistorias em propriedades distribuídas nos municípios de Andradina, Castilho, Ilha Solteira, Suzanápolis, Pereira Barreto, Rubinéia, Nova Independência, Santo Antonio do Aracanguá, Araçatuba, Lavínia, Sud Menucci, Louder, Mirandópolis, Guaraçai, Guararapes, Bento de Abreu, Barbosa e Piacatu. Segundo informações do Itesp, cerca de 17 dos 36 primeiros laudos de vistorias apresentaram improdutividade.

[53] C. Raffestin, Por uma geografia do poder, São Paulo, Ática, 1993, p. 60.

|189|

BIBLIOGRAFIA

ABRA. Revista Reforma Agrária. Nova forma de luta pela terra: acampar. Campinas: Abra, ano 15, n. 2, maio/jul. 1985.

ABRA. Revista Reforma agrária. Campinas: Abra, ano 16, abr./jul. 1986.

ABRA. Revista Reforma Agrária. Re-constituir a reforma agrária. Campinas: Abra, ano 18, n. 2, ago./nov. 1988.

ABRA. Revista Reforma Agrária. Movimentos sociais: lições e esperança. Campinas: ABRA, ano 19, n. 2, ago./nov. 1989.

ABRA. Revista Reforma Agrária. A urgência da Reforma Agrária. Campinas: Abra, v. 21, n. 1, jan./abr. 1991.

ABRA. Revista Reforma Agrária. Violência no campo: que fins poderão justificar esses meios? Campinas: Abra, v. 22, n. 1, jan./abr. 1992.

ABRA. Revista Reforma Agrária. Assentar, assentados e assentamentos. Campinas: Abra, v. 22, n. 3, set./dez. 1992.

ABRA. Revista Reforma Agrária. Reforma agrária e desenvolvimento rural. Campinas: Abra, v. 28, n. 1, 2 e 3, jan./dez. 1998 e v. 29, n. 10 jan./ago. 1999.

ABRAMOVAY, R. *Nova forma de luta pela terra: acampar.* Revista Reforma Agrária. Campinas: Abra, ano 15, n. 2, maio/jul. 1985, pp. 55-60.

————. *De camponeses a agricultores: paradigmas do capitalismo agrário em questão.* Campinas, 1990. Tese (Doutorado) – Instituto de Filosofia e Ciências Humanas, Universidade Estadual de Campinas.

ALENTEJANO, P. R. R. O que há de novo no rural brasileiro? *Terra Livre.* São Paulo: AGB, n. 15, 2000, pp. 86-112.

ALMEIDA, A. W. B. Terra, conflitos e cidadania: violência no campo – que fins poderão justificar esses meios? *Revista Reforma Agrária.* Campinas: Abra, v. 22, n. 1, jan./abr. 1992, pp. 61-86.

ALMEIDA, J. *A construção social de uma nova agricultura*: tecnologia agrícola e movimentos sociais no sul do Brasil. Porto Alegre: Ed. Universidade/UFRGS, 1999.

ALMEIDA, R. A. *A conquista da terra pelo MST no Pontal do Paranapanema*: as ocupações das fazendas São Bento e Santa Clara. Presidente Prudente, 1993. (Monografia apresentada ao Departamento de Geografia da Faculdade de Ciências e Tecnologia da Unesp, para a obtenção do título de Bacharel em Geografia).

————. *Diferentes modos de organização de explorações familiares*: o caso do reassentamento Rosana e o Assentamento Santa Clara. Presidente Prudente, 1996. Dissertação (Mestrado) – Unesp.

AMADO, J. *Conflito social no Brasil*: a revolta dos "Mucker". São Paulo: Símbolo, 1978.

AMSTALDEN, L. F. Reforma Agrária no Governo Collor: Assentar, assentados e assentamentos. *Revista Reforma Agrária.* Campinas: Abra, v. 22, n. 3, set./dez. 1992. pp. 72-3.

ANDRADE, M. C. *Cidade e campo no Brasil.* São Paulo: Brasiliense, 1974.

————. *Abolição e reforma agrária.* 2. ed. São Paulo: Ática, 1991. (Série Princípios).

————. *A questão do território no Brasil.* Recife/São Paulo: Ipespe/Hucitec, 1995.

————. Territorialidades, desterritorialidades, novas territorialidades: os limites do poder nacional e do poder local. In: SANTOS, M.; SOUZA, M. A. e SILVEIRA, M. L (orgs.). *Território*: globalização e fragmentação. São Paulo: Hucitec, 1996, pp. 213-20.

ANDRADE, M. de P. *Chacinas e massacres no campo.* São Luís: Universidade Federal do Maranhão, 1997. (Coleção Célia Maria Corrêa – Direito e Campesinato, n. 4).

ASSIS, C. D. de. *Acampados da fazenda Santa Rita*: a reforma agrária no Vale do Paraíba. São Paulo: CPV, 2000.

BALDUÍNO, T. A ação da Igreja católica e o desenvolvimento rural (depoimento). *Dossiê Desenvolvimento Rural.* Universidade de São Paulo. Instituto de Estudos Avançados, v. 15, n. 43, set./dez. 2001, pp. 9-22.

BARBOSA, Y. M. O movimento camponês de Trombas e Formoso. *Revista Terra Livre*, n. 16, São Paulo, 1988, pp. 115-22.

BARP, W. J.; BARP, A. R. B. *Tendência da violência no espaço agrário brasileiro*: uma análise estatística. Disponível em <http://cptnacional.org.br>. Acessado em 15 mar. 2002.

BARREIRA, C. *Trilhas e atalhos do poder*: conflitos sociais no sertão. Rio de Janeiro: Rio Fundo, 1992.

BENJAMIN, C. *A opção brasileira*. São Paulo: Contraponto, 1998.

BERGAMASCO, S. M.; NORDER, L. A. C. *O que são assentamentos rurais*. São Paulo: Brasiliense, 1996. (Coleção Primeiros Passos).

BERGAMASCO, S. M. P. P. *A realidade dos assentamentos por detrás dos números*. São Paulo: Instituto de Estudos Avançados, v. 11, n. 31, 1997.

BOMBARDI, L. M. *O bairro Reforma e o processo de territorialização camponesa*. São Paulo, 2001. Dissertação (Mestrado). Departamento de Geografia, FFLCH, USP.

————. *Contribuição ao debate teórico acerca dos conceitos de campesinato e agricultura familiar.* João Pessoa: XII ENG, 2002.

BORIN, J. Na virada do milênio – Encontro de pesquisadores e jornalistas (entrevista concedida). In: Nead/FEA – Brasil Rural. São Paulo, 18 e 19 abr. 2001. Disponível em <http:///incra.gov.br> Acessado em 25 out. 2001.

BRANCHER, P. C. Sindicalismo rural: organização, estrutura sindical e perspectivas. Disponível em <http://www.abrareformaagraria.org.br/artigo52.htm>. Acessado em 27 fev. 2002.

BRASIL. Ministério da Agricultura e da Reforma Agrária. Programa da Terra. Brasília, 1992. 81p.

BRASIL. Ministério Desenvolvimento Agrário. A economia da Reforma Agrária: evidências internacionais. In: TEÓFILO, E. (org.). *Brasília*: Núcleo de Estudos Agrários e Desenvolvimento Rural/Conselho Nacional de Desenvolvimento Rural Sustentável, 2001.

BRASIL. Ministério Desenvolvimento Agrário. Distribuição e Crescimento Econômico. In: TEÓFILO, E. (org.). *Brasília*: Núcleo de Estudos Agrários e Desenvolvimento Rural/Conselho Nacional de Desenvolvimento Rural Sustentável, 2000.

BRASIL. Ministério Desenvolvimento Agrário. Informações sobre o Programa Acesso Direto à Terra. Brasília, DF, 2001. Disponível em <http://www.desenvolvimentoagrário.gov.br/notícias/adterra.htm>. Acessado em 26 nov. 2001.

BRASIL. Ministério Desenvolvimento Agrário. Portaria n. 62, 27 de março de 2001. Trata de critérios para realização de vistorias de imóveis rurais, segundo Medida Provisória n. 2.109-49, de 27 de fevereiro de 2001. Disponível em <http://incra.gov.br>. Acessado em 15 jun. 2001.

BRASIL. Presidência da República. Decreto n. 3.508, de 14 de junho de 2000. Dispõe sobre o Conselho Nacional de Desenvolvimento Rural Sustentável – CNDRS. Brasília, 14 de junho de 2000. Disponível em: <http://www.incra.gov.br>. Acessado em 29 nov. 2000.

BRASIL. Constituição (1998). Constituição da República do Brasil. Brasília, DF, Senado, 1988.

BRASIL. Decreto n. 91.766, de 10 de outubro de 1985. Dispõe sobre o Plano Nacional de Reforma Agrária. São Paulo: Atlas, 1985.

BRASIL. Incra. O Novo Mundo Rural – projeto de reformulação da reforma agrária em discussão pelo governo. Brasília, DF, 2000, 26p. Disponível em <http://incra.gov.br>. Acessado em 25 mar. 2000.

BRASIL. Incra. Reforma da legislação. Disponível em <http://www.incra.gor.br/_serv/placar/balanco/reforma.htm>. Acessado em 8 jan. 1999.

BRASIL. Ministério Desenvolvimento Agrário. Portaria n. 80, de 24 de abril de 2002. Dispõe sobre denominações e conceitos orientadores dos assentamentos do Programa Nacional de Reforma Agrária. Disponível em <http://incra.gov.br>. Acessado em 18 junho de 2002.

BRASIL. Ministério Desenvolvimento Agrário. Termo de referência de atuação em tensões e conflitos sociais no campo. Brasília, 2001.

BRASIL. Ministério do Desenvolvimento Agrário/INCRA. Novo retrato da agricultura familiar. O Brasil redescoberto. Brasília, DF, Núcleo Design, 2000.

BRUNO, R. *Senhores da terra, senhores da guerra*: a nova face política das elites agroindustriais no Brasil. Rio de Janeiro: Forense Universitária/UFRRJ, 1997.

CAMPOS, Í. Pequena produção familiar e capitalismo: um debate em aberto. Paper do Naea (Núcleo de Altos Estudos Amazônicos), n. 16. Belém: Universidade Federal do Pará, 1994.

CANDIDO, A. *Parceiros do Rio Bonito*. 7. ed. São Paulo: Duas Cidades, 1987.

CARDOSO, F. H. Reforma Agrária: compromisso de todos. *Folha de S.Paulo*, São Paulo, 13 abr. 1997, Brasil, p.11.

CASTRO, J. de. *Geografia da fome*. 9. ed. São Paulo: Círculo do Livro, s.d.

CHAYANOV, A. V. *La organización económica campesina*. Buenos Aires: Nueva Vision, 1974.

COLETTI, C. *A estrutura sindical no campo*: a propósito da organização dos assalariados rurais na região de Ribeirão Preto. Campinas: Ed. da Unicamp/CMU, 1998.

COMERFORD, J. C. *Fazendo a luta: sociabilidade, falas e rituais na construção de organizações camponesas*. Rio de Janeiro: Relume Dumará, 1999.

BIBLIOGRAFIA

CPT. *A luta pela terra*: a Comissão Pastoral da Terra 20 anos depois. Goiânia: Paulus, 1997.

CPT. Revista Conflitos no campo. Brasil, 1996.

CHAUI, M. *Convite à filosofia*. São Paulo: Ática, 2000.

D'AQUINO, T. *A casa, os sítios e as agrovilas*: uma poética do tempo e do espaço no assentamento das terras de Promissão-SP. Encontro da ANPOCS, Caxambu, 1996.

D'INCAO e MELLO, M. *O bóia fria*: acumulação e miséria. Petrópolis: Vozes, 1975.

D'INCAO, M. C.; ROY, G.. *Nós cidadãos*: aprendendo e ensinando a democracia. Rio de Janeiro: Paz e Terra, 1995.

DAVATZ, T. *Memórias de um colono no Brasil*. São Paulo: Edusp/Itatiaia, 1980.

DÉ CARLI, G. *História da reforma agrária*. Brasília: Gráfica Brasiliana, 1985.

ESTADO DE SÃO PAULO. Documento do governo federal sobre a questão fundiária no Brasil –1997. Disponível em< http://estadao.com.br>.

ESTUDOS AVANÇADOS. Universidade de São Paulo. Instituto de Estudos Avançados. São Paulo: USP, v. 11, n. 31, set./dez. 1997.

ESTUDOS AVANÇADOS. Dossiê Desenvolvimento Rural. Instituto de Estudos Avançados. São Paulo: usp, v. 15, n. 43, set./dez. 2001.

FACHIN, L. E. A justiça dos conflitos no Brasil. A urgência da Reforma Agrária. *Revista Reforma Agrária*. Campinas: Abra, v. 21, n. 1, jan./abr. 1991, pp. 87-94.

FACHIN, L. E. A justiça dos conflitos no Brasil. In: STROZAKE, J. J. (org.). *A questão agrária e a justiça*. São Paulo: Editora Revista dos Tribunais, 2000.

FAO/INCRA Por que agricultura familiar? *Diretrizes de política agrária e desenvolvimento sustentável*. Brasília, 1995.

FELICIANO, C. A. *A geografia dos assentamentos rurais no Brasil*: o MST e o Mast no Pontal do Paranapanema. Monografia de Bacharelado, 1999. FFLCH, USP.

———. Missão cumprida, ninguém viu nada. *Paisagens*. São Paulo: Humanitas, ano 1, n. 1., 1997.

FERNANDES, B. M. *Que reforma agrária?* XIV Encontro Nacional de Geografia Agrária. Unesp, Presidente Prudente, 1998.

———. Questões teórico-metodológicas da pesquisa geográfica em Assentamentos de Reforma Agrária. Trabalho apresentado na disciplina Processos Sociais Agrários - A construção dos objetivos sociológicos alternativos. Prof. Jose Vicente Tavares dos Santos – FFLCH/USP – 1995.

———. *MST*: formação e territorialização. São Paulo: Hucitec, 1996.

———. A modernidade no campo e a luta dos sem terra. *Revista Cultura*. Petrópolis: Vozes, n. 1, jan./fev. 1996.

———. Movimento social como categoria geográfica. *Terra Livre*. São Paulo: AGB, n. 15, 2000. pp. 51-85.

———. Questão agrária, pesquisa e MST. São Paulo: Cortez, 2001. (Coleção Questões da nossa época, v. 92.).

———. A judiciarização da reforma agrária. *Geousp*. Revista da pós-graduação em Geografia. São Paulo: Humanitas/FFLCH/USP, n. 1, 1997, pp. 35-9.

———; STÉDILE, J. P. *Brava gente*: a trajetória do MST e a luta pela terra no Brasil. São Paulo: Fundação Perseu Abramo, 1999.

———; LEAL, G. M. Contribuições teóricas para a pesquisa em geografia agrária. *IX Encontro Nacional*. A geografia no século XXI. São Paulo: Anpege,. 23 a 26 de março de 2002.

FRANCO, M. S. C. *Homens livres na ordem escravocrata*. São Paulo: Unesp, 1997.

FROMM, E. *O medo da liberdade*. 6. ed. Rio de Janeiro: Zahar, 1968.

FUNDAÇÃO DO Mast (fita cassete). Presidente Prudente, 19 de março de 1998.

GASQUES, J.G.; CONCEIÇÃO, J. C. P. R. A demanda de terra para a Reforma Agrária no Brasil. *Seminário sobre Reforma Agrária e Desenvolvimento Sustentável*. Brasília: s.l., 1998.

GOHN, M. G. *Mídia, terceiro setor e o MST*: impactos sobre o futuro das cidades e do campo. Petrópolis: Vozes, 2000.

GOHN, M. G. *Teoria dos movimentos sociais*. São Paulo: Loyola, 1997.

GOMES DA SILVA, J. Princípios Constitucionais Básicos da Reforma Agrária. *Revista Reforma Agrária*. Campinas: Abra, ano 16, abr./jul. 1986, pp. 20-48.

———. *Caindo por terra*: crises da reforma agrária na Nova República. São Paulo: Busca Vida, 1987.

———. Reforma Agrária na Constituição Federal de 1988 – Uma avaliação crítica. *Re-constituir a Reforma Agrária*. Revista Reforma Agrária. Campinas: Abra, ano 18, n°.2, ago./nov. 1988, pp. 14-7.

———. *Buraco negro*: a reforma agrária na constituinte. São Paulo: Paz e Terra, 1989.

———. *A reforma agrária na virada do milênio*. Campinas: Abra, 1996.

———; LULA DA SILVA, L. I. Plano Nacional de Reforma Agrária: um projeto popular para agricultores sem terra e minifundistas. A urgência da Reforma Agrária. *Revista Reforma Agrária*. Campinas: Abra, v. 21, n. 1, jan./abr. 1991, pp. 69-82.

GÖRGEN, Frei S. A. Necessidade desconhece lei. A legitimidade dos saques no Brasil neoliberal. *Artigos realidade brasileira*. São Paulo, 1999. Disponível em: <http://www.mst.org.br/bibliotc/textos/realbrasil/freisergio.html>. Acessado em 15 jan. 1999.

GÖRGEN, Sérgio Antônio. *A resistência dos pequenos gigantes*: a luta e a organização dos pequenos agricultores. Petrópolis: Vozes, 1998.

GOULART, M. P. *Ministério público, meio ambiente e questão agrária*. s.n.t.

GRZYBOWSKI, Cândido. *Caminhos e descaminhos dos movimentos sociais no campo*. Petrópolis: Vozes, 1991.

———. Movimentos populares rurais no Brasil: desafios e perspectivas. In: STÉDILE (org.). *Reforma agrária hoje*. Porto Alegre: Ed. da Universidade, UFRGS, 1994, pp. 285-96.

GUGLIELMI, V. T. *As terras devolutas e seu registro. XVII Encontro dos Oficiais de Registro de Imóveis do Brasil.* Maceió, 1991.

HERBERS, R. G. Conflitos no campo: o que dizem os dados – Movimentos sociais: lições e esperança. *Revista Reforma Agrária*. Campinas: Abra, ano 19, n. 2, ago./nov. 1989, pp. 50-72.

HOBSBAWM, E. J. *Pessoas extraordinárias*: resistência, rebelião e jazz. São Paulo: Paz e terra, 1998.

IANNI, O. revoluções camponesas na América Latina. In: SANTOS, J. V. T. (org.). *Revoluções camponesas na América Latina*. São Paulo: Ícone/Ed. da Unicamp, 1985, pp. 15-45.

IHA, M. *Espacialização da luta pela terra*: acampamentos no Núcleo Colonial Monção. Trabalho de Graduação Individual. FFLCH, USP, 2001.

IOKOI, Z. G. *Igreja e camponeses*: teologia da libertação e movimentos sociais no campo – Brasil e Peru, 1964-1986. São Paulo: Hucitec/Fapesp, 1996.

JUSTO, M. G. *Capim na fresta do asfalto*: conflito pela terra em Conde, zona da mata Paraibana. São Paulo, 2000. Dissertação (Mestrado) –FFLCH, USP.

KAGEYAMA, A. Os maiores proprietários de terras do Brasil. *Revista Reforma Agrária*. Campinas: Abra, ano 16, abr./jul. 1986, pp. 63-6.

KAUTSKY, K. *A questão agrária*. São Paulo: Nova Cultural, 1986.

KOTSCHO, R. *O massacre dos posseiros*: conflitos de terras no Araguaia-Tocantins. São Paulo: Brasiliense, 1982.

LEITE, J. F. *A ocupação no Pontal do Paranapanema*. São Paulo: Hucitec, 1998.

LEITE, S. *Impactos regionais da Reforma Agrária no Brasil*: aspectos políticos, econômicos e sociais. Fortaleza, 1998. Disponível em <http://www.dataterra.org.br/Semce/Bird-texto.htm>. Acessado em: 28 jan. 1999.

———. (org.) *Políticas públicas e agricultura no Brasil*. Porto Alegre: Ed. da UFRGS, 2001.

LEROY, J. P; PACHECO, M. E. L. Associações e sindicatos rurais: onde está o dilema? *Cadernos Cedi*. Rio de Janeiro: Sindicalismo no campo – Reflexões, n. 21, 1991.

MACEDO, C. O. *Ilhas da Reforma Agrária no oceano do latifúndio*: a luta pela terra no assentamento 17 de abril (PA). São Paulo, 2000. Dissertação (Mestrado) – FFLCH, USP.

MANIGLIA, E. O esbulho possessório e as ocupações de terras. In: STROZAKE, J. J. (org.). *A questão agrária e a justiça*. São Paulo: Revista dos Tribunais, 2000.

MARANHÃO, M.; SCHNEIDER, V. A ofensiva da direita no campo no Brasil. Disponível em <http://cptnacional.org.br>. Acessado em: 15 mar. 2002.

MARCOS, V. de. *Comunidade Sinsei*: (u)topia e territorialidade. São Paulo, 1996. Dissertação (Mestrado em Geografia Humana) – FFLCH/USP.

MARQUES, M. I. M. Atualidade do uso do conceito de Camponês. *IX Encontro Nacional*. A Geografia no século XXI. São Paulo: Anpege, 23 a 26 de março de 2002.

MARTINS, D.; VANALLI, S. Migrantes. São Paulo: Contexto, 1984. (Repensando a Geografia).

MARTINS, J. S. A questão agrária. *Reforma Agrária. Boletim da ABRA*. Campinas, ano V, n. 7/8, jul./ago. 1975, pp. 2-7.

———. *Sobre o modo capitalista de pensar*. 2. ed. São Paulo: Hucitec, 1980.

———. *Os camponeses e a política no Brasil*. Petrópolis, Vozes, 1981.

———. *A militarização da questão agrária no Brasil*. Petrópolis: Vozes, 1984.

———. *O cativeiro da terra*. São Paulo: Hucitec, 1986.

———. *Expropriação e violência*: a questão política no campo. São Paulo: Hucitec, 1991.

———. (coord.) *Massacre dos inocentes*: a criança sem infância no Brasil. 2. ed. São Paulo: Hucitec, 1993.

———. *A chegada do estranho*. São Paulo: Hucitec, 1993.

———. *O poder do atraso*: ensaios de sociologia da história lenta. São Paulo: Hucitec, 1994.

———. *A reforma agrária e os limites da democracia na "Nova República"*. São Paulo: Hucitec, 1994.

———. A questão agrária nos dilemas da governabilidade. *Revista Tempo e presença*. São Paulo, n. 279, jan./fev. 1996.

———. Sociologia e militância (entrevista). *Revista Estudos Avançados*. São Paulo, v. 11, n. 31. 1997.

———. A questão agrária brasileira e o papel do MST. In: STÉDILE, J. P (org.). *A reforma agrária e a luta do MST*. Petrópolis: Vozes, 1997.

———. A escravidão nos dias de hoje e as ciladas da interpretação. Disponível em: <http://cptnacional.org.br>. Acessado em 15 mar. 2002.

MENDES, C. A luta dos povos da floresta – Geografia: Pesquisa e prática social. *Revista Terra Livre*. São Paulo: AGB/Marco Zero, n. 07, 1990.

BIBLIOGRAFIA

MARQUES, M. I. M. *De Sem Terra a "posseiro" a luta pela terra e a construção do território camponês no espaço da reforma agrária*: o caso dos assentados nas fazendas Retiro e Velho – GO. São Paulo, 2000. Tese (Doutorado) – FFLCH, USP.

MEDEIROS, L. S. *História dos movimentos sociais no campo*. Rio de Janeiro: Fase, 1989.

————. et al. *Assentamentos rurais*: uma visão multidisciplinar. São Paulo: Ed. da Unesp, 1994.

MEDEIROS, L. S.; LEITE, S. (org.). A formação dos assentamentos rurais no Brasil: processos sociais e políticas públicas. Porto Alegre/Rio de Janeiro: Ed. da UFRGS/CPDA, 1999.

MESQUITA, H. A. *O massacre de Corumbiara* – RO São Paulo, 2001. Tese (Doutorado) – FFLCH, USP, 2001.

MITIDIERO JR., M. A. *O estopim dos movimentos sociais no campo*. São Paulo, 1999. Monografia. – FFLCH, USP.

————. *O Movimento de Libertação dos Sem-Terra (MLST) e as contradições da luta pela terra no Brasil*. São Paulo, 2002. Dissertação (Mestrado) – FFLCH, USP.

MOMESSO, M. A. *O MST na luta pela terra em Pernambuco e a formação do assentamento Ourives – Palmeira*. São Paulo, 1997. Monografia (Graduação em Geografia) – FFLCH, USP.

MONBEIG, P. *Pioneiros e fazendeiros de São Paulo*. São Paulo: Hucitec/Polis, 1984.

MORAES, S. H. N. A constituição de 1988: retrocesso e perspectivas da questão agrária – Movimentos sociais: lições e esperança. *Revista Reforma Agrária*. Campinas: Abra, ano 19, n. 2, ago./nov. 1989, pp. 73-82.

MOREIRA, R. *Formação do espaço agrário brasileiro*. São Paulo: Brasiliense, 1990. (Coleção Tudo é História, n. 132.).

MOURA, M.M. *Camponeses*. São Paulo: Ática, 1986.

MOVIMENTO DOS AGRICULTORES SEM-TERRA – MAST. 1° Seminário do assentados e acampados do Pontal do Paranapanema. Conclusões e próximos passos. Presidente Prudente, 19 e 20 de março, 1999.

MOVIMENTO DOS TRABALHADORES RURAIS SEM-TERRA - MST. Programa de Reforma Agrária. Caderno de Formação n° 23. 2. ed. São Paulo, 1996.

MST. Como se organiza movimento dos trabalhadores rurais sem-terra. *Cadernos de Formação*, n° 5. São Paulo: MST, 1986.

NAVARRO, Z. O projeto piloto "Cédula da Terra": comentário sobre as condições sociais e político-institucionais de seu desenvolvimento recente. Disponível em <http://www.dataterra.org.br/Documentos/zander.htm>. Acessado em 27 jan. 1999.

NEAD/FEA – Brasil Rural. Na virada do milênio. Encontro de pesquisadores e jornalistas. São Paulo, 18 e 19 de abril de 2001. Disponível em <http:///incra.gov.br>. Acessado em 25 out. 2001.

NEVES, F.C. Multidões e identidade coletiva: o papel dos saques no nordeste. *Revista Travessias*, São Paulo, 1994.

OLIVEIRA, A.U. O que é? (renda da terra). *Revista Orientação*. Instituto de Geografia. São Paulo, n. 7, 1986, pp. 77-85.

————. Espaço e tempo, compreensão materialista dialética. In: SANTOS, M. (org.). *Novos Rumos da Geografia Brasileira*. São Paulo: Hucitec, 1988.

————. O campo brasileiro no final dos anos 80. In: STÉDILE J. P. (org.). *A questão agrária hoje*. Porto Alegre: Ed. da Universidade, 1994.

————. *Modo capitalista de produção e agricultura*. 4. ed. São Paulo: Ática, 1995.

————. As (in)justiças no Pontal do Paranapanema. *AGB informa*, n. 59 (encarte especial). São Paulo, 1995. pp. 10-2.

————. *A agricultura camponesa no Brasil*. São Paulo. Contexto, 1996.

————. *A geografia das lutas no campo*. 6. ed. São Paulo: Contexto, 1996. (Coleção Repensando a Geografia).

————. Agricultura Brasileira: Transformações recentes. In: ROSS, J.(org.). *Geografia do Brasil*. São Paulo: Edusp, 1996.

————. A longa marcha do campesinato brasileiro: movimentos sociais, conflitos e reforma agrária. *Dossiê Desenvolvimento Rural*. Universidade de São Paulo. Instituto de Estudos Avançados,v. 15, n. 43, set./dez. 2001, pp. 185-206.

OLIVEIRA, B. C. Reforma Agrária para quem? Discutindo o campo no Estado de São Paulo. *Revista Terra Livre*. São Paulo: Marco Zero/AGB, 1988, pp. 65-76 e 105-14.

————. Camponês. *Revista Orientação*. Instituto de Geografia/Departamento de Geografia. São Paulo, n. 8, 1990, pp.102-5.

————. *Os posseiros de Mirassolzinho*. São Paulo, 1991. Dissertação (Mestrado) – FFLCH, USP.

————. *Tempo de travessia, tempo de recriação*: profecia e trajetória camponesa. São Paulo, 1998. Tese (Doutorado) – . FFLCH, USP.

————. Tempo de travessia, tempo de recriação: os camponeses na caminhada. *Dossiê Desenvolvimento Rural*. Universidade de São Paulo. Instituto de Estudos Avançados, v. 15, n. 43, set./dez. 2001, pp. 255-65.

OLIVEIRA, E. V. *Bancada ruralista na câmara dos deputados*: a bancada ruralista – Legislatura 1999/2002, s.n.t.

OLIVIERI, A. C. *Canudos*: guerras e revoluções brasileiras. São Paulo: Ática, 1994.

ORTIZ, R. *Cultura brasileira & identidade nacional*. 2. ed. São Paulo: Brasiliense, 1986.

PAOLIELLO, R. M. Posse da terra e conflitos sociais no campo. Texto inédito baseado em "Conflitos fundiários na Baixada do Ribeira: A Posse como Direito e Estratégia de Apropriação". Campinas, PPGAS/Unicamp. Dissertação de Mestrado, 1992.

PASQUALETTO, A.; ZITO, R. K. *Impactos ambientais da monocultura da cana-de-açúcar.* Goiânia: Ed. da UFG, 2000.

PEREIRA, R. P. C. R. A teoria da função social da propriedade rural e seus reflexos na acepção clássica da propriedade. In: STROZAKE, J. J. (org.). *A questão agrária e a justiça.* São Paulo: Revista dos Tribunais, 2000.

PINTO, L. C. G. Reflexões sobre a Política Agrária Brasileira no período 1964-1994. *Reforma Agrária. Campinas,* v. 24, n. 1, 1995, pp. 65-91.

PORTO, M. Y. Democracia incompleta: o caso das ocupações de terras – A urgência da Reforma Agrária. *Revista Reforma Agrária.* Campinas: Abra, v. 21, n. 1, jan./abr. 1991, pp. 95-6.

PRADO JR., C. *A questão agrária no Brasil.* São Paulo: Brasiliense, 1979.

PROUDHON. *O que é propriedade?* Lisboa: Estampa, 1997.

RAFFESTIN, C. *Por uma geografia do poder.* São Paulo: Ática, 1993.

RAMOS, A. V. *A luta pela terra e a luta pela reforma agrária*: o Projeto de Assentamento Pirituba II – Área III. São Paulo, 1996. Monografia (Graduação em Geografia) – FFLCH, USP.

RANGEL, I. M. Crise agrária e metrópole. *Revista Reforma Agrária.* Campinas: Abra, ano 16. abr./jul. 1986, pp. 4-8.

RAPCHAN, E. S. *De identidade e pessoas: um estudo de caso sobre os sem-terra de Sumaré.* São Paulo, 1993. Dissertação (Mestrado) – FFLCH, USP.

REYDON, B.; PLATA, L. A. *Evolução recente do preço da terra rural no Brasil e os impactos do Programa da Cédula da Terra,* s.n.t.

REYDON, B. P (org.). *Intervenção estatal no mercado de terras*: a experiência recente no Brasil. BRASIL. Ministério do Desenvolvimento Agrário. Unicamp/CNDRS/Nead, 2000.

RIBEIRO, D. *O povo brasileiro.* São Paulo: Companhia das Letras, 1995.

RIBEIRO, N. F. *Caminhada e esperança da reforma agrária*: a questão da terra na constituinte. 2. ed. Rio de Janeiro: Paz e Terra, 1987.

RIBEIRO, S. L. S. *Processos de mudanças no MST*: história de uma família cooperada. São Paulo, 2002. Dissertação (Mestrado) – FFLCH, USP.

RODRIGUES, V. L. G; GOMES DA SILVA, J. Conflitos de terras no Brasil: uma introdução ao estudo empírico da violência no campo. *Reforma Agrária: Boletim da Abra,* ano V, n. 3/4, mar./abr. 1975, pp. 2-17.

ROMEIRO, A.; GUANZIROLI, C.; LEITE, S. *Reforma agrária*: produção, emprego e renda – o relatório da FAO em debate. 2. ed. Petrópolis: Vozes,/Ibase/FAO, 1994.

SADER, E. *Quando novos personagens entram em cena.* Rio de Janeiro: Paz e Terra, 1988.

SADER, R. *Espaço e luta no Bico do Papagaio.* São Paulo, 1986. Tese (Doutorado em Geografia) – FFLCH, USP.

———. Migração e violência: o caso da Pré-Amazônia Maranhense – Território e Cidadania: da luta pela terra ao direito à vida. *Revista Terra Livre.* São Paulo: Marco Zero/AGB, 1988, pp. 65-76.

SAMPAIO, P. A. A reforma agrária – Re-constituir a reforma agrária. *Revista Reforma Agrária.* Campinas: Abra, ano 18, n. 2, ago./nov. 1988, pp. 5-13.

SANTOS, A. P.; RIBEIRO, S. L. S; MEIHY, J. C. S. B. *Vozes da marcha pela terra.* São Paulo: Loyola, 1998.

SANTOS, G. V. – *Os territórios da luta pela terra do Pontal do Paranapanema.* Presidente Prudente, 1998. 35p. Relatório do Programa de Apoio ao Estudante. Departamento de Geografia, Faculdade de Ciências e Tecnologia, Universidade Estadual Paulista.

SANTOS, J. M. Projeto alternativo de desenvolvimento rural sustentável. *Dossiê Desenvolvimento Rural.* Universidade de São Paulo. Instituto de Estudos Avançados, v. 15, n. 43, set./dez. 2001, pp. 225-38.

SANTOS, J. V. T. *Colonos do vinho*: estudo sobre a subordinação do trabalho camponês ao capital. São Paulo: Hucitec, 1978.

SANTOS, J. V. T. Violência no campo: o dilaceramento da cidadania. *Revista Reforma Agrária.* Campinas: Abra, v. 22, n. 1, jan./abr. 1992, pp. 4-11.

SANTOS, M. *A natureza do espaço*: técnica e tempo, razão e emoção. São Paulo: Hucitec, 1996.

SÃO PAULO. *Mediação no campo*: estratégias de ação em situações de conflito fundiário, n. 6. São Paulo: Itesp, 1998.

SÃO PAULO. *Terra e cidadãos*: aspectos da ação de regularização fundiária no Estado de São Paulo, n. 4. São Paulo: Itesp, 1998.

SÃO PAULO. *Pontal verde*: plano de recuperação ambiental nos assentamentos do Pontal do Paranapanema, n. 2. São Paulo: Itesp, 1998.

SILVA, J. G. *A modernização dolorosa*: estrutura agrária, fronteira agrícola e trabalhadores rurais no Brasil. Rio de Janeiro: Zahar, 1981.

SILVA, J. G. *Progresso técnico e relações de trabalho na agricultura.* São Paulo: Hucitec, 1981.

BIBLIOGRAFIA

SILVA, J. G. Ao vencedor, as batatas. As implicações da vitória da UDR na Constituinte. *Revista Reforma Agrária*. Campinas: Abra, ano 18, n. 2, ago./nov. 1988, pp. 18-20.

SILVA, J. G. *A nova dinâmica da agricultura brasileira*. Campinas: Unicamp, 1996.

SILVEIRA, U. *Igreja e conflito agrário*: a Comissão Pastoral da Terra na região de Ribeirão Preto. Franca: Unesp/Franca, 1998. (Estudos, 2).

SIMONETTI, M. C. *A longa caminhada*: A (re) construção do território camponês em Promissão. de São Paulo, 1999. Tese (Doutorado) – FFLCH, USP.

SODRÉ, F. N. *Quem é? Francisco Julião*. 4. ed. São Paulo: Redenção Nacional, 1963.

STÉDILE, J. P. (org.). *A questão agrária hoje*. Porto Alegre: Ed. Universidade/UFRGS, 1994.

_____. *Questão agrária no Brasil*. São Paulo: Moderna, 1997.

_____; GÖRGEN, S. A.. *A luta pela terra no Brasil*. São Paulo: Scritta, 1993.

STERNBERG, H. O'R. O trabalho de campo na Geografia. *Contribuição ao estudo da Geografia*. *Ministério da Educação e Saúde*. Serviço Documental, 1946, pp. 13-63.

STROZAKE, J. J. (org.). *A questão agrária e a justiça*. São Paulo: Revista dos Tribunais, 2000.

TARELHO, L. C. O Movimento Sem-Terra de Sumaré. Espaço de Conscientização e de luta pela posse de terra. *Revista Terra Livre*. São Paulo: Marco Zero/AGB, 1988, pp. 93-104.

THOMAZ JR., A. *Por trás dos canaviais, os (nós) da cana*: uma contribuição ao entendimento da relação capital x trabalho e do movimento sindical dos trabalhadores na agroindústria canavieira paulista. São Paulo, 1996. Tese (Doutorado) – FFLCH, USP.

_____. Gestão e ordenamento territorial da relação capital-trabalho na agroindústria sucro-alcooleira. *Revista electronica de Geografía y Ciências Sociales*. Universidad de Barcelona, n. 43, 1 julio 1999. Disponível em <http://www.ub.es/geocrit/sn-43.htm>. Acessado em 27 fev. 2002.

THOMPSON, E. P. *Tradicion, Revuelta y Consciencia de clase*. Barcelona: Critica, 1979.

TOURAINE, A. Os movimentos sociais. In: FORACCHI, M. M.; MARTINS, J. S. (orgs.). *Sociologia e sociedade*: leituras de introdução à Sociologia. Rio de Janeiro: Livros Técnicos e Científicos, 1981, pp. 335-65.

TURATTI, M. C. *Os filhos da lona preta*: notas antropológicas sobre sociabilidade e poder em acampamentos do MST no *Estado de São Paulo*. São Paulo, 1999. Dissertação (Mestrado) – FFLCH, USP

VASQUES, A. C. B. *A evolução das ocupações das terras no município de Teodoro Sampaio*. Franca, 1973. Tese (Doutorado em Geografia) – Faculdade de Filosofia, Ciências e Letras de Franca.

VEIGA, J. E. da. *A face rural do desenvolvimento*: natureza, território e agricultura. Porto Alegre: Ed. Universidade/UFRGS, 2000.

VEJA, 24 de abril de 1996.

VIA CAMPESINA, <http://rds.org.hn/via/presentacion.htm>. Acessado em 5 nov. 2002.

VICTOR, A. D. As representações sociais dos trabalhadores rurais em situações de conflito e violência. Disponível em <http://www.abrareformaagraria.org.br/artgo59.htm>. Acessado em 9 maio 2002.

VILARINHO, C. R. O. Imposto territorial rural no Brasil: subtributação e evasão. *Revista Reforma Agrária*. Campinas: Abra, ano 19, n. 2, ago./nov. 1989, pp. 11-9.

WELCH, C.; GERALDO, S. *Lutas camponesas no interior paulista*. Rio de Janeiro: Paz e Terra, 1992.

WOORTMANN, E. F.; WOORTMANN, K. *O trabalho da terra*: a lógica simbólica da lavoura camponesa. Brasília: Universidade de Brasília, 1997.

ZANDRÉ, A. *Às claras para todo mundo ver*: o movimento de saques em Pernambuco na seca de 1990-1993. Dissertação (Mestrado) – UFPE, 1997.

Sites
Incra – www.incra.gov.br
MST – www.mst.org.br
MDA – www.mda.gov.br
Nead – www.nead.org.br

Periódicos
Folha de S. Paulo
O Estado de S. Paulo
O Imparcial
Jornal de Barretos

CARTA DE PRINCÍPIOS – MAST

A social-democracia

Nosso movimento está baseado nas concepções da social-democracia. O que vem a ser isto? Quais suas origens, inspirações, programas, metas principais e possibilidades no Brasil de hoje?

O conceito de social-democracia tem uma longa história, tanto teórica quanto político-prática. O termo *democracia* foi usado a partir do século 5° de nossa era; enquanto o termo *democracia social* foi introduzido pelo francês Alexis de Tocqueville em 1835, em seu livro *A Democracia na América*.

A expressão *democracia social* indica a vontade de realizar a democratização da própria sociedade, através da crença do valor na igualdade de oportunidades para todos e na existência de instituições políticas que concretizem este projeto. Neste sentido, o movimento pela social-democracia deve ser originariamente entendido como parte do movimento internacional pelo socialismo, na vertente democrática.

As origens da social-democracia estão localizadas na intensa polêmica teórica e prática entre os movimentos reformistas e os movimentos socialistas revolucionários diante das mudanças trazidas pela Revolução Industrial, a partir de 1850. As questões fundamentais giravam em torno ao destino do trabalho e do trabalhador:

- Haveria liberdade de organização sindical?
- O direito de voto seria franqueado a todos os cidadãos?
- Haverá proteção ao trabalhador (previdência e assistência social)?

- Haveria emprego para todos?
- O crescimento econômico poderia garantir a paz internacional?

A tradição social-democrata está baseada na defesa de dois elementos centrais para sua identificação diante de outras correntes:

1) a defesa de um sistema político de caráter liberal-democrático, isto é, com *voto, partidos políticos livres, direitos políticos amplos e intransferíveis*, e;
2) a defesa de um sistema econômico baseado na existência do mercado.

A tradição política da social-democracia está baseada na defesa intransigente de instituições liberais-democráticas. O direito à representação política e individual do cidadão, através do voto, da manifestação da opinião e do direito inalienável à organização livre, seja em forma de partidos políticos, associações de classe e de interesses em geral, são pedras fundamentais para o alicerce social-democrata.

Portanto, a posição histórica sempre foi contrária à existência de qualquer forma de controle estatal da vontade política do cidadão. A social-democracia tem se oposto, historicamente, a concepções políticas autoritárias e totalitárias.

Experiências autoritárias, com partidos políticos sob controle do Estado, a existência de censura sobre as manifestações políticas, artísticas e culturais em geral – como ocorridas na América Latina nas décadas de 1960 e 1970 – não são aceitáveis pela social-democracia.

Para um social-democrata, a democracia não é instrumental, não pode ser suspensa para permitir a implantação de novas políticas econômicas e sociais. A democracia é um valor absoluto!

Ao mesmo tempo, a sócia-democracia tem identificação histórica com o *mercado*, onde há livre circulação dos fatores de produção, onde as pautas de produção e consumo são determinadas pela vontade dos consumidores e dos produtores, livremente organizados. Para a social-democracia esta situação de mercado deve ser sempre submetida ao interesse geral da sociedade; daí a necessidade de um *mercado socialmente orientado sob regulações do Estado Democrático*!

A social-democracia, defendendo a existência e o pleno funcionamento do mercado regulado socialmente, tem sido responsável pelos maiores avanços consolidados e irreversíveis, conquistados pelos trabalhadores e suas organizações no mundo contemporâneo. Esta tem sido a história de grande parte dos países europeus recentemente. São direitos sociais e econômicos, defesa da cidadania plenamente democrática e de luta pela paz e cooperação técnica e cultural internacionais.

Diante da inexorável *globalização* – como um movimento baseado na plena internacionalização e fluidez do capital em escala mundial – cabe à *social-democracia*, como força política capaz de catalisar energias disponíveis, um enorme papel.

Hoje em dia, em virtude do contexto emergente, as grandes forças políticas parecem estar concentradas no eixo *liberalismo / social-democracia*, com diversas variantes.

Nas condições em que vivemos, no Brasil atual, é necessária a presença estratégica do Estado, programas de políticas públicas, uma política ativa de industrialização e desenvolvimento agrícola. O movimento da social-democracia tem amplas condições de capturar a hora e as necessidades para a formulação das políticas e programas que garantirão bem-estar e soberania ao povo brasileiro, nas novas condições provocadas pela globalização contemporânea.

Questão agrária e reforma agrária no Brasil

A questão agrária, problema histórico da sociedade brasileira, permanece não resolvida na virada para o século XXI. Muitas foram as legislações e muitas investidas políticas para uma reforma agrária que atendesse aos interesses da população rural brasileira. As análises da realidade rural brasileira foram sempre contaminadas por interesses econômicos pouco éticos ou por perspectivas ideológicas sectárias que produziram ou interpretações simplistas, que propugnavam soluções tipo "passe de mágica", ou revolucionárias, que propugnavam a mudança da ordem política vigente. Outra característica das análises da questão agrária é a separação da questão agrária da questão agrícola. Política agrária é demanda da esquerda, política agrícola é demanda da direita. Esta visão esquizofrênica perdura como se as ações de política agrícola não interessassem aos beneficiários da reforma agrária. Cabe enaltecer a importância do meio rural/agrícola brasileiro.

O meio rural/agrícola brasileiro possui importância notável. O Brasil possui uma das maiores áreas agricultáveis do mundo; é o país que possui o maior potencial de expansão da fronteira agrícola; está entre os maiores produtores mundiais dos principais produtos agropecuários; a exportação de produtos agrícolas e seus derivados representa parcela importante da balança comercial; a população rural concentra quase 50 milhões de pessoas, sendo que cerca de 30 milhões de pessoas compõem a população economicamente ativa no campo. Ao lado de tecnologias e práticas tradicionais e ultrapassadas, o País apresenta um perfil tecnológico de última geração em termos de exploração agropecuária, sendo pioneiro em avanços tecnológicos para regiões tropicais. Além disso, está ocorrendo um processo de reestruturação produtiva intenso e regido pelo mercado globalizado, que redefine suas características econômicas e sociais.

Por outro lado, o Brasil é o 2º maior país do mundo em concentração da propriedade da terra, o que tem provocado, nos últimos anos, crescimento dos movimentos sociais das populações rurais sem terra e de produtores familiares empobrecidos. Exacerbados pela reestruturação produtiva em andamento, tais grupos rurais acabam engrossando as fileiras do desemprego e subemprego urbano e rural, além de comporem, em grande proporção, um quadro social que apresenta baixo nível de escolaridade, problemas endêmicos de saúde e insuficiente acesso aos bens e serviços, ou seja, índices generalizados de pobreza e miséria.

As políticas governamentais para enfrentar a questão agrária só têm sido efetivadas, em geral, em períodos ou regiões de tensão ou conflitos ou frente a grandes movimentos reivindicatórios com repercussão na sociedade.

O I Censo Nacional da Reforma Agrária mostra que, em geral, a ocupação da área antecede as ações de reforma agrária na região. As políticas de reforma agrária são justificadas ora em uma perspectiva de política social para diminuir tensão e conflitos sociais, diminuir as injustiças quanto ao acesso à terra, evitar o êxodo rural intenso e garantir a sobrevivência física dos assentados pela produção agrícola de subsistência; ora em uma perspectiva de política econômica no sentido de aumentar a produção de gêneros alimentícios. A reforma agrária como política social é que obteve relativo sucesso, principalmente nos últimos 3 anos, tendo em vista o grande número de famílias assentadas e a quantidade de área incorporada.

O sucesso de um programa de reforma agrária não pode ser medido somente a partir das realizações em termos de áreas desapropriadas e do número de famílias assentadas.

Lamentavelmente, Governo Federal e MST mantiveram debate estéril quanto ao número de famílias efetivamente assentadas, provavelmente ambos os debateres procuravam ocupar espaços na mídia. Os limites de uma reforma agrária em grande escala decorrem de problemas orçamentários, de problemas jurídicos e da capacidade do aparato técnico-burocrático governamental em implementar e assistir a reforma agrária. Parece que o Governo Federal tem consciência desses limites, mas enveredou no jogo populista do MST.

Decresceu a importância relativa do fator terra no processo de reforma agrária atual e, cada vez mais, fica ressaltada a necessidade da melhoria das condições de vida e da viabilidade econômica dos assentamentos. O Governo Federal reconhece essa realidade, desenvolvendo ações como o Projeto Lumiar, para assistência técnica e gerencial aos assentamentos, Projeto Casulo, para parceria com estados e municípios para implementação da reforma agrária, e o Programa

Nacional de Educação na Reforma Agrária, para suprir o grande déficit educacional dos assentados e seus dependentes. Resta aguardar a efetividade desses projetos.

A questão central para a política de reforma agrária é a necessidade de identificar espaços, a partir do quadro atual do setor agropecuário, nos quais a produção dos assentamentos possa se inserir de modo sustentável. A sustentabilidade, neste caso, significa não só a sobrevivência, mas também a possibilidade de produzir excedentes para investimentos ou, em outras palavras, a instalação de processo de capitalização. A idéia de que a partir de um programa de reforma agrária seja possível multiplicar a geração de empregos no campo tem como pressuposto fundamental o sucesso econômico de seus beneficiários. A viabilidade econômica do assentamento decorre das condições técno-agronômicas de produção e também da adequada inserção no mercado. Fora isso tem-se um retrógrado paternalismo do Estado, perenizador da pobreza e do qual a esquerda brasileira parece saudosista.

A sorte dos assentamentos de reforma agrária é a mesma da agricultura familiar brasileira. A mobilização dos produtores rurais assentados, principalmente através de suas organizações sindicais, é fundamental. O produtor isolado, sem o seu sindicato e sua cooperativa, não resistirá à dura concorrência dos tempos atuais. Os produtores assentados, como os demais produtores familiares, devem participar das organizações que procuram influir na política agrícola. Recentemente o Governo usou os interesses da agropecuária brasileira como "moeda de troca" no estabelecimento do Mercosul. A produção leiteira e a produção de arroz, produtos que perpassam o território nacional, foram negativamente afetadas, levando crise ao setor de laticínios e tornando o Brasil um dos maiores importadores mundiais de arroz.

A maioria dos assentamentos de reforma agrária do País estão em condições precárias. Isto serve de argumento para setores reacionários combaterem os aportes financeiros para implementação da reforma agrária. Se os assentados vivem precariamente em suas terras, como viveriam sem elas? O Governo Federal deve buscar formas mais eficazes para realizar a reforma agrária e se preocupar menos em mostrar números para a imprensa.

Existem assentamentos de sucesso, a maioria no Centro-Sul do País. O sucesso é explicado pela mobilização dos assentados (sindicatos, associações), pela organização de cooperativas, pela incorporação de tecnologias, pela disponibilidade de capital para custeio e investimento, enfim, pelas possibilidades de inserção na cadeia de produção agropecuária. Se o Estado não possibilitar as condições para os assentados em projetos de reforma agrária incorporarem o padrão agrário moderno, conseguirá apenas retirar parcelas da população brasileira da indigência, mas que serão mantidas à margem da economia brasileira. Assim, o dilema brasileiro é como inserir, não só os beneficiários da reforma agrária, mas grande parcela do heterogêneo setor rural brasileiro no capitalismo moderno.

*   *   *

Propostas

- A política de reforma agrária deve ser integrada a uma política de desenvolvimento rural. O Governo Federal deve estimular o envolvimento de estados da federação, municípios e, principalmente, das organizações dos atuais ou futuros beneficiários (associações, sindicatos e cooperativas) desde a formatação de uma política de desenvolvimento rural, passando pela escolha das áreas, seleção dos beneficiários, planejamento dos assentamentos.

- Crédito compatível com as características de cada assentamento (situação socioeconômica dos beneficiários, região, tipo de exploração agropecuária). O acesso à terra, sem os recursos necessários para explorá-la, condena os novos assentados à mesma situação de pobreza na qual se encontra a maioria de nossa agricultura familiar.

- Assistência técnica. A extensão rural e assistência técnica pública desagregaram-se no Brasil. O crédito, sem uma orientação técnica que garanta sua aplicação racional, além de acarretar desperdício de recursos, inviabiliza o resgate dos empréstimos e a sustentabilidade dos assentamentos.

- Fomento ao cooperativismo. O cooperativismo viabiliza a produção familiar em um mercado intensamente competitivo. A cooperativa serve de vetor para a incorporação de tecnologias, de captação de crédito e de organização da comercialização dos produtos. O Governo deve incentivar o cooperativismo através de políticas específicas de crédito e de isenções fiscais e de convênios com organizações fomentadoras do cooperativismo como a Organização das Cooperativas Brasileiras (OCB) e as Organizações Estaduais de Cooperativas (OCES).

CARTA DE PRINCÍPIOS – MAST

- Fomento ao sindicalismo rural. O produtor rural familiar, assentado ou não, necessita organizar sua mobilização através de sindicatos fortes, que não sejam ideologicamente sectários e que representem efetivamente os interesses da categoria. O alijamento dos produtores familiares brasileiros dos benefícies das políticas públicas e das lutas no interesse da agricultura brasileira se deve à ausência de organização de suas representações. O sindicato rural não deve significar a aglutinação de forças reacionárias mas a representação dos interesses da agricultura brasileira.

- Fomento à melhoria da infra-estrutura. Definir papeis institucionais para o planejamento e implementação de projetos de habitação, saneamento, educação, eletrificação e transporte para os assentamentos rurais. O Incra não possui condições de oferecer adequadamente todos esses serviços. Cabe ao Governo Federal estabelecer estímulos para que estados e municípios realizem esses serviços.

- Emancipação criteriosa dos assentamentos de reforma agrária. Não se refere à emancipação cogitada por consultores do Incra, por exemplo, os assentamentos seriam emancipados após 5 anos da implantação. Os assentamentos seriam emancipados somente após existirem condições de desenvolvimento sustentado. Os assentados não querem viver sob tutela do Estado, mas precisam de condições objetivas de vida e de produção para que possam viver sem estímulos governamentais. Portanto, não deve haver cronologia fixa para a emancipação, mas sim incentivos para que os próprios assentados queiram a emancipação.

- Planejamento da reforma agrária. A reforma agrária não deve ser realizada como no passado, distribuindo famílias em regiões remotas onde passam a viver miseravelmente e necessitam ainda ser humilhadas com o recebimento de cestas de alimentos. Os assentamentos de reforma agrária necessitam ser planejados como unidades de produção estruturadas, inseridas de forma competitiva no processo de produção, voltadas para

O AUTOR

Carlos Alberto Feliciano é mestre e doutorando em Geografia Humana pela Universidade da São Paulo – USP e professor universitário. Pesquisador do Laboratório de Geografia Agrária da USP, atua como analista de desenvolvimento agrário da Fundação Instituto de Terras do Estado de São Paulo na área de mediação de conflitos fundiários na região do Pontal do Paranapanema, interior de São Paulo.

GRÁFICA PAYM
Tel. (011) 4392-3344
paym@terra.com.br